数字媒体艺术设计系列教材

▷▷▷ 数字交互程序设计基础

SHUZI JIAOHU CHENGXU SHEJI JICHU

章颖芳　耿　璐　编著

内 容 提 要

本书是基于Flash编写的交互媒体设计与制作教程，主要介绍利用Flash ActionScript 3.0进行交互设计的基本方法和技巧。全书内容按照由易到难、由简单到复杂的原则来安排，以实现轻松入门、拾级进阶的学习过程。

全书共分为11章，通过大量实例，详细介绍了使用ActionScript 3.0进行Flash制作的流程和细节，帮助读者快速掌握编程工具的使用方法。通过案例来解剖知识点，通过操作来熟悉知识点，学会应用ActionScript 3.0实现交互媒体的设计与制作。

本书适合Flash ActionScript初学者、动画设计师和爱好者自学，也可作为高校数字媒体相关教学之教材和参考书。

图书在版编目(CIP)数据

数字交互程序设计基础/章颖芳，耿璐编著. -- 上海：同济大学出版社，2016.10

ISBN 978-7-5608-6556-0

Ⅰ.①数… Ⅱ.①章…②耿… Ⅲ.①动画制作软件 Ⅳ.①TP317.48

中国版本图书馆CIP数据核字(2016)第239234号

数字媒体艺术设计系列教材

数字交互程序设计基础

章颖芳　耿　璐　编著

责任编辑 陈佳蔚　**责任校对** 徐春莲　**封面设计** 潘向蓁

出版发行　同济大学出版社　www.tongjipress.com.cn
(上海市四平路1239号　邮编:200092　电话:021-65985622)
经　　销　全国各地新华书店
印　　刷　同济大学印刷厂
开　　本　787 mm×1 092 mm　1/16
印　　张　10.75
字　　数　268 000
印　　数　1—1 500
版　　次　2016年10月第1版　2016年10月第1次印刷
书　　号　ISBN 978-7-5608-6556-0

定　　价　28.00元

丛书编委会

序

Preface

数字媒体是一个新兴的和科学技术密切相关的产业，源于文化、艺术和技术的交叉、融合，它的迅猛发展已经对当今人类社会产生了深远的影响，“文化为体，科技为媒”是数字媒体的精髓。在当前 Ubiquitous Digital Media 环境下，在建设创新型国家的时代背景和国际人才竞争的大格局下，高校数字媒体艺术专业教育的特点是培养具有创新意识和“跨界”综合能力的高素质创新型数字化人才。

作为国内最早成立的中外合作数字媒体艺术专业，上海工程技术大学中韩多媒体设计学院在十余年的教学科研中，总结了一套行之有效的国际化数字媒体艺术设计人才培养方法，为了将多年的教学成果和研究成果服务于社会，为了使读者进一步掌握数字媒体艺术设计理论和技能，我们组织了一批在数字媒体艺术设计教学和研究第一线，具备丰富的数字媒体教学经验的教师撰写了本系列教材。

本系列教材现有五册，以培养“国际化、复合型、素质高、能力强”的“艺·工”交融型数字媒体艺术设计人才为宗旨，注重理论联系实践，以系统性，基础性和应用性为核心理念，跟踪国内外数字媒体领域的最新研究成果，通过大量案例分析，多角度全方位地对数字媒体艺术设计流程进行系统的梳理，力求在实践的基础上进行归纳和提炼，主要面向高等学校数字媒体艺术相关专业教学，同时也适合数字媒体艺术设计的从业人员和爱好者阅读，具有较强的实用价值。总体来说，本系列教材体现出以下几个方面的特点：

1. 以系统方法论为组织编写的思想基础

作为新世纪的朝阳产业，人类科技与生活日新月异的变化使得数字媒体领域的知识体系、学科范畴、学科方法论、核心课程体系等都在不断地更新与变化，作为数字媒体艺术专业的教材必须适应学科特点，因此在本系列教材的组织编写中运用了系统方法论的思想作为指导，重视理论体系架构的完整性和鲜明性，同时五部教材彼此关联互补，兼顾数字媒体艺术和数字媒体技术领域的知识，形成一个可持续发展的有机整体。可以使读者综合了解数字媒体领域中各个环节所需要的技能技巧，体会艺术和技术在数字媒体学科中不可分割的密切关系。

2. 以培养具有国际视野的“艺·工”交融型人才为导向

本系列教材内容丰富，信息量大，依托上海工程技术大学中韩多媒体设计学院十多年中外合作办学的优势，编写教师们从国外带回了数字媒体领域的先进理念，汲取了国际国内最新的研究成果，精选了兼具艺术欣赏性和技术先进性的案例进行深入浅出的分析。整套教材紧紧围绕“国际化、复合型、素质高、能力强”的“艺·工”交融型数字媒体艺术设计人才培养目标，建设21世纪的数字媒体艺术专业教材体系。

3. 注重理论联系实践

本系列教材强调理论联系实际，注重理论的实际运用，以及实际案例的可操作性，师生可以参照书中案例进行实际的练习，同步提升学生的“知识”与“能力”。

本系列教材在编写过程中参阅了大量的中外文献，内容广泛借鉴了本领域内众多专家和学者的观点和见解。在此向国内外有关专家和作者表示衷心的感谢。

由于编者水平和时间所限，如有错误和遗漏之处，敬请读者提出宝贵意见。

唐幼纯

2015年9月

于上海工程技术大学

前　言

Foreword

本书是基于Flash的交互媒体设计与制作而编写的，主要介绍利用ActionScript进行交互设计的基本方法和技巧。全书内容按照由易到难、由简单到复杂、由单项到综合的原则来安排，以实现轻松入门、拾级进阶的效果。

本书的特色是让读者通过有趣的案例来解剖知识点，通过操作来了解知识点，通过实际项目来学会应用Flash ActionScript实现交互媒体的设计与制作。

全书共11章，内容包括：Flash动作脚本基本知识、基本语法、面向对象和类、事件侦听机制、ActionScript 3.0视觉编程、鼠标的交互、键盘的交互、简单运动、数据的交互、缓动类和外部资源文件的载入与处理等。书中包含了大量较为实用的案例，对于比较复杂的案例，除了给出制作步骤之外，还对案例进行了分析和扩展，让读者不仅能掌握交互设计制作的基本技巧，达到举一反三的效果，同时还能提高读者对互动项目策划的能力。

本书适合基于Flash的交互媒体设计与制作人员，以及相关专业学生学习使用。书中如有不妥之处，恳请广大读者及同行批评指正。

编　者

于上海工程技术大学

2016年9月

目录

目
录

目录

目
录

目
录

目
录

第 1 章 Flash动作脚本基本知识

1.1 Flash 动作脚本的功能

随着数字媒体技术的不断发展，受众对交互式体验的需求日益增长，Flash 也从最初的一个矢量动画制作软件逐渐发展成为一个交互内容编辑工具。从刚开始互联网的弄潮儿，到如今交互多媒体技术的先行者，它正在用自己的努力引领世界传媒，发展到一个崭新的境界。从网站、广告、动画到游戏、移动设备内容都可以使用 Flash 来创建。

交互内容的创建离不开编程语言，因此，Flash 除了具有可视化工作与图形设计环境，还具有内置的动作脚本语言 ActionScript，简称 AS。没有 AS 之前，Flash 制作动画还只是停留在使用时间轴和图层来实现画面，即使动画再精彩，观赏者也是被动地沿着时间线的进度来欣赏；有了 AS 语言之后，原先一些复杂繁琐的动画制作过程通过程序得到了有效的简化，还可以通过程序实现一些精彩纷呈的动画特效，动画也更加具有交互性。

然而，人们对编程语言总有一种敬畏的感觉，觉得要花大量的时间和精力才能入门，这也是很多人对学习程序语言望而却步的原因之一。AS 语言发展至今，已经成为一种非常实用而规范的面向对象编程语言，并且通过将编程元素和可视化设计相结合，极大提高了学习编程语言过程中的乐趣。本书中，将针对有少量编程基础或没有接触过任何程序语言的初学者，采取从最常用的简单语句入手，用具有实用性和趣味性的实例来解读 AS 语言，从而逐步掌握更复杂 Flash 动画的实现方式。力求做到理论与实际运用相统一，感性认识与理性认识相结合，带领 AS 的初学者轻松入门，为下一步的“拾级进阶”“攀援而上”打好基础。

1.2 ActionScript 3.0 闪亮登场

ActionScript 是 Flash 内置的脚本语言。AS 遵从 ECMA（European Computer Manufacturers Association，欧洲计算机制造联合会）制定的标准，它和 Java 一样是基于

ECMAScript 开发的。AS 经历了 13 年的发展，已成为一个十分精巧且功能强大的语言，如表 1-1 所示。

表 1-1 Flash 软件版本演变

年份	结　果
1995 年	乔纳森·盖伊开发出 FutureSplash Animator 矢量动画软件
1996 年	Macromedia 公司收购了 Future Wave 公司，将 FutureSplash Animator 重新命名为 Flash 1.0
1997 年	Flash 2.0
1998 年	Flash 3.0，这些早期版本的 Flash 都是使用 Shockwave 播放器
1999 年	Flash 4.0，拥有了自己专用播放器 Flash Player 4.0
2000 年	Flash 5.0，ActionScript 1.0
2002 年	Flash MX 发布
2003 年	Flash MX 2004，ActionScript 2.0
2005 年	Macromedia 被 Adobe 并购，Flash 8.0
2007 年	Flash CS 3.0(Flash 9.0)，ActionScript 3.0
2008 年	Flash CS 4.0 (Flash 10.0)
2010 年	Flash CS 5.0，支持输出原生 iPhone 软件
2011 年	Flash CS 5.5
2012 年	Flash CS 6.0
2013 年	Flash CC

Flash 从 5.0 版本开始，每次升级，其脚本语言 AS 都在不断发展、完善。目前的最新版本 ActionScript 3.0，简称 AS 3.0，是 AS 发展史上的一个里程碑，与之前的版本比较，从语法到执行效率等方面都发生了重要转变。主要体现在以下三个方面：

(1) 实现了真正意义上的面向对象编程，语法更加严谨和规范。

(2) AS 3.0 不支持在元件实例上添加代码，所有代码都写在时间轴或单独的脚本文件里面，将设计和代码分开。

(3) 使用高效的 AS 执行虚拟机 AVM2，彻底摆脱 AVM1 的局限，执行效率至少比以前高出 10 倍。

下面用一个简单的例子验证 AS 2.0 与 AS 3.0 代码执行效率：

(1) 新建两个 Flash 文件，一个脚本设置为 AS 2.0，另一个设置为 AS 3.0。

(2) 在时间轴，第一帧上按快捷键【F9】，打开动作面板，把下面的代码粘贴到里面。

(3) 然后按【Ctrl+Enter】键测试影片。

```
var array:Array = [];
var t1:Number = getTimer();
for(var i=0; i<1000000; i++){
        array[i] = "信息"
    }
trace("循环数组耗时:"+ (getTimer() - t1)/1000 + "秒");
```

先不用理解代码具体的含义，将代码分别在 AS 2.0 和 AS 3.0 中运行代码后观察输出的结果。

用 AS 2.0 测试结果：

循环数组耗时 11.9 秒。

用 AS 3.0 测试结果：

循环数组耗时 0.153 秒。

以上测试结果所显示的执行速度会因电脑性能不同而有所不同，但是，通过这样一个简单例子可以发现，AS 3.0 的执行效率远比 AS 2.0 要快得多！

AS 3.0 有以下两项最显著的特点：

(1) 统一代码位置：AS 3.0 处理事件的代码不能放在按钮和影片剪辑上，而是统一放在时间轴的帧中或一个单独的外部类文件中，方便管理代码。

(2) 统一事件模式：AS 3.0 不再具有多种事件模式，而是统一采用 addEventListener() 函数注册事件。

1.3 认识 Flash 动作面板

动作面板是 Flash IDE 面板的一部分，主要用于编辑、调试时间轴代码的场所。要实现 Flash 的交互功能，就需要对 Flash 的动作面板相当熟悉。它可以通过点击“窗口”→“动作”打开，也可以通过快捷键【F9】来打开或关闭。动作面板分为 4 个区域，分别是脚本编辑窗口、工具栏、动作工具箱和脚本导航器，如图 1-1 所示。

1.3.1 工具栏

动作面板的工具栏提供了很多代码编写过程中需要用到的辅助功能。下面以 Flash CS 5.5 为例，介绍动作工具栏。在动作窗口上有一排按钮，如图 1-2 所示。

它们功能如下：

(1) “将新项目添加到脚本中”：显示 AS 工具箱中具有的所有语言元素。从语言元素的分类列表中选择一项添加到脚本中。

(2) “查找”：在 AS 编辑器中查找和替换文本。

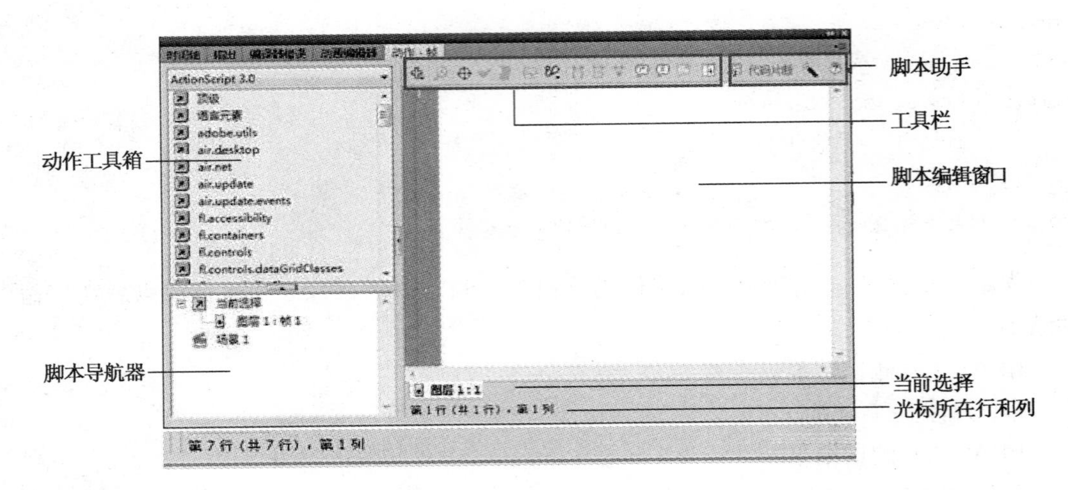

图 1-1　动作面板

图 1-2　工具栏

(3) “插入目标路径”:为脚本中的某个动作设置绝对或相对目标路径。

(4) “语法检查”:检查当前 AS 编辑器中的代码是否存在语法错误。如果有语法错误将列在“输出”面板中。

(5) “自动套用格式”:设置 AS 的格式以实现正确的编码语法和更好的可读性。可以在“编辑”菜单的“首选参数”对话框中设置自动套用格式首选参数。

(6) “显示代码提示”:显示正在编写的代码行的代码提示,例如在输入了一个对象名后再输入“.”,就会显示相关的属性和方法列表。

(7) “调试选项”:调试代码时添加或移除断点。

(8) “折叠成对大括号”:折叠括号中的代码,大、中、小括号皆可。

(9) “折叠所选”:折叠选中区域的代码,按【Alt】键可以收缩未选中的代码。

(10) “展开全部”:展开(8)(9)方式折叠的全部代码。

(11) “应用块注释”:把所选择的代码转化为块状注释。

(12) “应用行注释”:把所选择的代码转化为行注释。

(13) “取消注释”:取消所选代码的注释标记。

(14) “显示/隐藏工具箱”:显示/隐藏“动作”面板左侧可收缩的工具箱。

1.3.2 脚本助手

在动作窗口的右上边还有三个按钮，这三个按钮都是为初学者提供一些帮助。

(1) 代码片断"代码片断"：对于新手来说这个功能应该算是一个相当不错的，相当于已预设的功能，可以很方便地为任意一个影片剪辑或按钮添加需要的代码，同时对代码给出相应的使用帮助信息，方便新手学习，如图 1-3 所示。

图 1-3 代码片断

(2) "使用脚本助手"：在"脚本助手"模式中，将通过动作工具箱来编写脚本。可以帮助初学者了解和设置脚本中的变量、函数、类等的功能及相关参数设置方法，熟悉了代码之后，可以直接在代码窗口中快速输入。

(3) "帮助"：打开帮助页面，显示针对 AS 语言元素的参考帮助主题。

1.3.3 脚本导航器

脚本导航器中显示的是 FLA 文件中相关联的帧动作具体位置的可视化表示形式，可以浏览 FLA 文件中的对象以查找动作脚本代码。如果单击"脚本导航器"中的某一项目，则与该项目关联的脚本将出现在"脚本窗口"中，并且播放头将移到时间轴上的该位置。

1.3.4 动作工具箱

每个动作脚本语言元素在该工具箱中都有一个对应的条目。

1.3.5 脚本编辑窗口

脚本编辑窗口是编辑代码的区域，动作面板是编辑时间轴代码的主要工具，更多的代码是在外部的脚本文件(*.as)中保存。这些代码的编辑和调试在脚本窗口中进行。

1.4 代码位置

代码既可以存储在 Flash 时间轴的帧中，也可以存储在 ActionScript 文件中。

1.4.1 将代码存储在 Flash 时间轴的帧中

在 Flash IDE 中，可以向时间轴中的任何帧添加 ActionScript 代码，该代码将在影片播放期间进入该帧时执行。代码既可以添加到主时间轴中的任何帧，也可以添加到

MovieClip 元件的时间轴中的任何帧。但缺点是在构建较大的应用程序时容易导致无法跟踪哪些帧包含哪些脚本，应用程序难以维护。

许多开发人员将代码仅放在时间轴的第 1 帧中，或放在 Flash 文档的特定图层上，这样就容易在 Flash FLA 文件中查找和维护代码。但是要在另一个 Flash 项目中使用相同的代码，必须将代码复制并粘贴到新的文件中。更方便的方法是将代码存储在外部 ActionScript 文件(扩展名为. as 的文件)中。

1.4.2 将代码存储在 ActionScript 文件中

如果项目中包括重要的 ActionScript 代码或者这些代码会被不同的文件使用，则最好在单独的 ActionScript 文件中编写这些代码。

最常用的方式是定义一个 ActionScript 类，包含方法和属性。定义一个类后，就可以像任何内置的 ActionScript 类所做的那样，通过创建该类的一个实例对象使用它的属性、方法和事件。关于 AS 3.0 类的创建和使用详见第 3 章。

1.5 DIY 一个简单的 Flash 问候

上面讲了这么多，你是否也磨拳擦掌想尝试一番呢？学习过程序语言的读者们，都是从最简单的“Hello world”这一字符串的输出开始的。下面开始学习 AS 3.0，也从编写一个名叫“Hello Flash!”的程序开始吧！

1.5.1 创建屏幕输出

若想要 Flash 执行文件 SWF 的窗口中显示“Hello Flash!”，需要在 Flash IDE 舞台上创建一个文本域，用于在窗口中输出内容。

在舞台的任意位置绘制一个文本域。如果不是虚线的文本框，应保持文本框的选择状态。将文本域的属性设定为“动态文本”，并在“实例名称”框中输入 myText_txt，如图 1-4 所示。

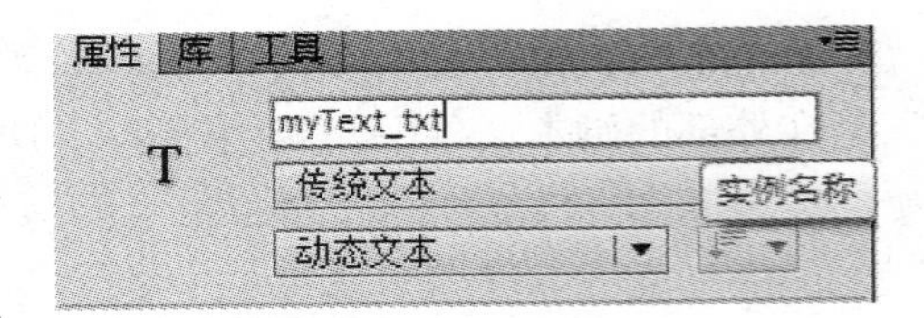

图 1-4 设置动态文本的实例名称

回到时间轴上，选择第 1 帧，使用快捷键【F9】进入 Actions 动作面板，输入：

```
myText_txt.text="Hello Flash!";
```

以上代码设置 myText_txt 的属性 text，也就是动态文本的内容设置为“Hello Flash!”。

字体颜色和大小可以在文本域的“属性”面板中设置，如图 1-5 所示。

这时，将文件保存为 helloFlash_2. fla。通过【Ctrl+Enter】键运行，屏幕输出“Hello

Flash!”,如图 1-6 所示。

图 1-5　文本的字体属性

图 1-6　输出界面

同时,输出面板中出现如图 1-7 所示内容。

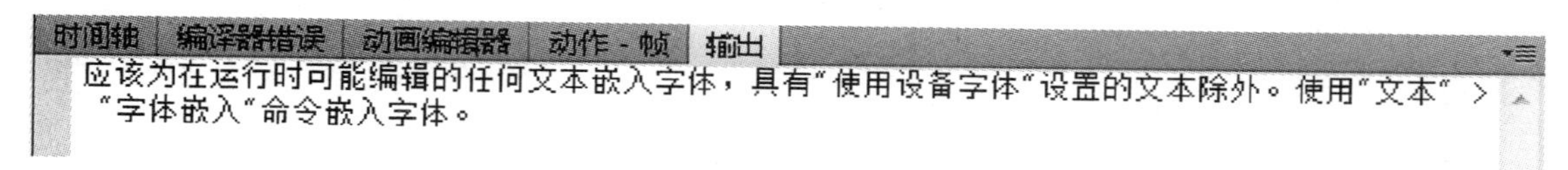

图 1-7　输出面板的信息提示

这是因为使用了动态文本,需要嵌入所需的字体。

点击舞台上的文本域,在“属性”面板中点击“字符”,如图 1-8 所示,点击“嵌入”按钮,进入“字体嵌入”对话框。由于需要显示“Hello Flash!”,在“字符范围”中勾选“大写”“小写”和“标点符号”三项。

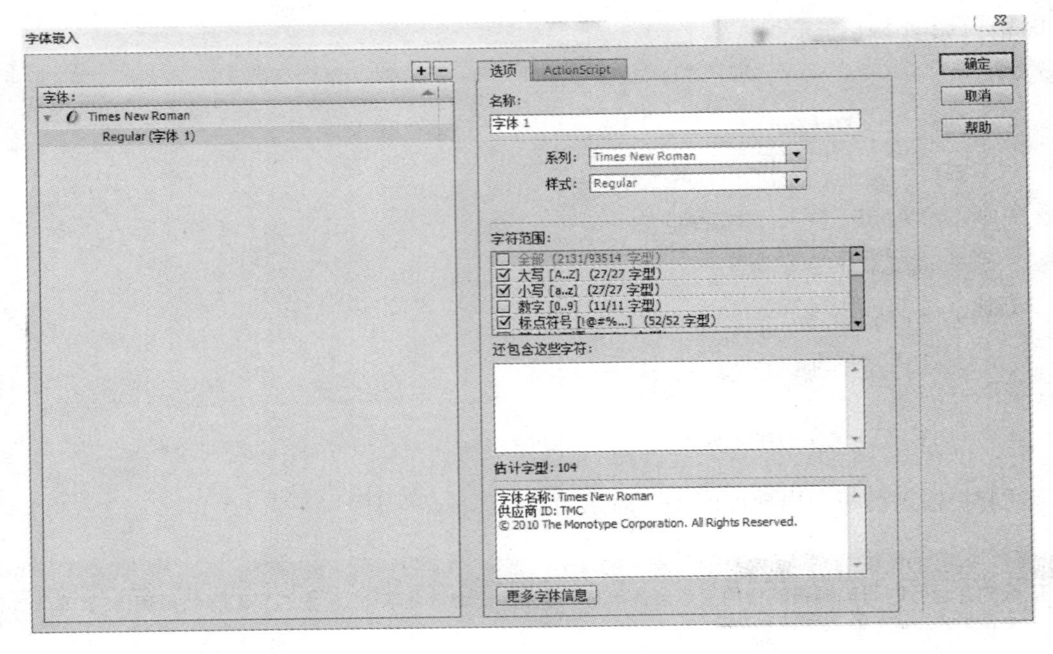

图 1-8　字体嵌入

再次运行后，输入面板中不再出现提示。

注意：

生成 SWF 文件时，嵌入的字体会绑定其中。如果选中的字符不多，就不会大量增加 SWF 文件的大小。但是如果选择勾选"全部"选项或大量字符时，则导出的 SWF 文件将相当庞大，会影响文件加载速度和文件大小。

1.5.2　量身打造的 Hello 程序

始终显示固定的内容是不是太单调了？下面将增加一些互动的内容。通过在文本框输入你的姓名，点击显示按钮之后，在另一个画面中显示"Hello＋你的姓名！"。

操作步骤：

(1) 将时间轴第一图层命名为"输入"图层，增加一个图层命名为"显示"图层。在输入图层的第 1 帧舞台上创建一个静态文本框，写上提示语"输入你的姓名："；再创建一个输入文本框 inputName_txt，用于程序运行时输入你的姓名；创建一个显示按钮实例对象 enter_btn。在显示图层的第 2 帧舞台上创建一个动态文本框 myText_txt，用于程序运行时点击按钮后显示文本内容，如图 1-9 所示。

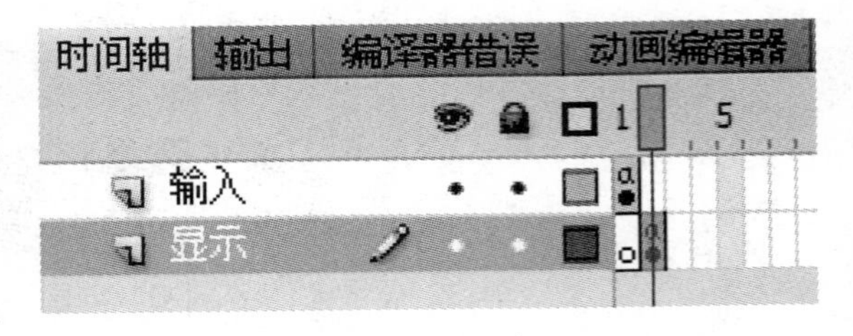

图 1-9　时间轴设置

(2) 在输入图层的第 1 帧上编写如下代码：

```
var input:String;//设置一个 String 类型的变量 input,用于存放用户输入的字符串。
stop();
enter_btn.addEventListener(MouseEvent.CLICK,onClick);
function onClick(e:MouseEvent):void
{
    input = inputName_txt.text;//将输入文本框中的文本放入到 input 变量中。
    gotoAndPlay(2);//跳转到第二帧。
}
```

(3) 在显示图层的第 2 帧上编写如下代码：

```
stop();
myText_txt.text = "Hello " + input + "!";
```

运行后的显示效果如图 1-10 所示。

图 1-10　运行后的显示效果

1.5.3 编写第一个 AS 3.0 类

上文用 AS 3.0 编写的代码是写在 Flash 时间轴的帧中，如果将代码全部放入外部.as 文件中，应该如何实现呢？

选择"文件"→"新建"→"ActionScript 3.0 类"来创建外部 ActionScript 文件。要求先输入类名称，命名为 HelloFlash4（可以尝试用 HelloFlash_4 命名，但是确定按钮是不可用的，因此这里要注意类名称的命名要求）。

读者会发现，打开的 ActionScript 文档窗口与 Flash 影片文档窗口占据了同样的空间，但是没有了时间轴和舞台工作区，只有一大片文本编辑区域，并且里面给了一些基本代码块，如图 1-11 所示。

HelloFlash4.as

目标:

```
package  {

    public class HelloFlash4 {

        public function HelloFlash4() {
            // constructor code
        }

    }

}
```

第 12 行（共 12 行），第 1 列

图 1-11　AS 3.0 类文件

类文件的开始部分都先声明这是一个 package（包）。接下来创建了一个 class（类），类名和文件名相同，但是包和类都只不过是一个空的容器而已。该类中含有一个 function（方法），名称正好与类名相对应，该方法会在类初始化后立即执行，它有个特殊的名字叫作构造函数。

注意：

类的名称和构造函数的名称都为 HelloFlash4，与此类文件名称 HelloFlash4.as 相对应，并且类名的首字母通常大写。

构造函数由一条或多条 ActionScript 代码构成，这些代码也就是指令了，它能够实现一些功能。如果类定义仅仅只是一个空壳的话，那么构造函数就是它的心脏，指令的存在才有生命力。在构造函数里加入下面 3 条指令：

```
var myText_txt:TextField = new TextField();
myText_txt.text = "HelloFlash!";
addChild(myText_txt);
```

第 1 行新建一个 myText_txt 的文本字段(Text Field)显示对象，它是一个用来保存文本的容器。

第 2 行将字符串“Hello Flash!”赋予 myText_txt 文本属性 text。

第 3 行将文本字段添加到舞台。在 AS 3.0 中创建文本字段这类对象时，它们不会自动添加到舞台，需要自己添加，这对日后控制多个对象在舞台上的出现，会非常有用。

下面需要创建一个新的影片来运行以上代码。影片文件名为 helloFlash_4.fla。不需要在此影片的时间轴上添加任何操作，但需要为它分配一个文档类，指定控制影片的 ActionScript 文件。选中 Flash 影片的舞台，显示属性面板，在该面板中指定文档类，输入类名 HelloFlash4，如图1-12所示。

图 1-12　设置文档类

设置完成后，影片会加载并运行 HelloFlash4.as 文件。运行后，在编译器窗口中会出现 4 条错误提示，如图 1-13 所示。

这是因为在创建外部类文件的时候要做到以下两点：

(1) 需要在类中导入程序中使用到的 AS 3.0 的内置类文件路径或包含该类的包路径。

(2) 需要在 class 类名后面加上继承的类名，这样才能使用继承类的方法和属性。本例中 HelloFlash4 类扩展(extends)了影片剪辑(MovieClip)类，说明它将作用于影片剪辑，即为舞台本身。

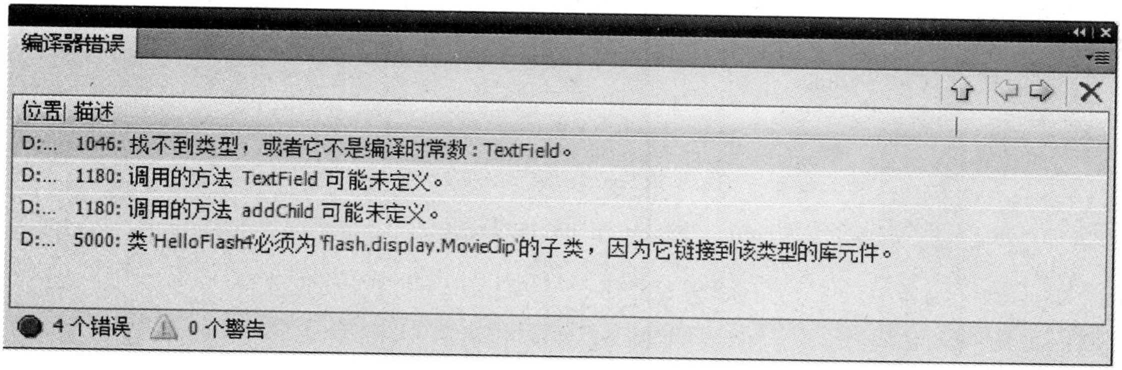

图 1-13　编译器错误显示面板

因此，在自动创建的代码基础上，应将其补充完整成如下代码：

```
package
{
    import flash.display.MovieClip;
    import flash.text.TextField;
    public class HelloFlash4 extends MovieClip
    {
        public function HelloFlash4()
        {
            var myText_txt:TextField = new TextField();
            myText_txt.text = "Hello Flash!";
            addChild(myText_txt);
        }
    }
}
```

将上面建立外部类的过程总结如下：

(1) 创建一个包，把所有代码整齐地组织起来；

(2) 创建一个类，它是程序的基础构造块；

(3) 创建一个构造函数，它能触发程序运行的第一个操作；

(4) 创建指令，它是希望程序执行的实际操作；

(5) 导入内建类来帮助程序显示输出的内容；

(6) 在 FLA 文件中关联文档类；

(7) 发布 SWF 文件，查看实际输出的结果。

在继续介绍之前，再仔细看一下刚才创建的外部类内容，如图 1-14 所示。

```
1  package
2  {
3      import flash.display.MovieClip;
4      import flash.text.TextField;
5      public class HelloFlash4 extends MovieClip
6      {
7          public function HelloFlash4()
8          {
9              var myText_txt:TextField = new TextField();
10             myText_txt.text = "Hello Flash!";
11             addChild(myText_txt);
12         }
13     }
14 }
15
```

图 1-14　AS 类文件中的代码显示

当在 ActionScript 编辑器窗口中开始输入代码时，注意到 package，import，public，class，extends，function，var，new 这些词的颜色被编辑器自动转为紫色。AS 3.0 用这种方法使用户明白这些关键字是一种特殊单词，它们是用来执行特殊任务的。例如，当使用了关键字 class，就明白正在创建的是类。关键字也称为保留字，说明这些单词只能由 ActionScript 使用，不能将它们用作包、类、变量及方法的名称，如表 1-2 所示。

表 1-2　AS 3.0 的关键字

词汇关键字：是 AS 3.0 编程语言中作为关键字使用的							
as	break	case	catch	class	const	continue	default
delete	do	else	extends	false	finally	for	function
if	implements	import	in	instanceof	interface	internal	is
native	new	null	package	private	protected	public	return
super	switch	this	throw	to	true	try	typeof
use	var	void	while	with			
句法关键字：在 AS 3.0 中可用作标识符，但在编程上下文具有特殊的含义							
each	get	set	namespace	includes	native	override	static
dynamic	final						
供将来使用的保留字，这是为 AS 3.0 语言的发展而预留的							
abstract	boolean	byte	cast	char	debugger	double	enum
export	float	goto	intrinsic	long	prototype	short	synchronized
throws	to	transient	type	virtual	volatile		

关键字的颜色可以自定义，选择“编辑”(Edit)菜单的“首选参数”，在“ActionScript 类别”中的“语法颜色”栏进行设定，如图 1-15 所示。

1.5.4　编程过程不是一帆风顺的

你是不是按照上面个性化的 Hello World 程序输入到你的 AS 文件中后，长舒一口气，感觉已经大功告成了？通常情况下，多数程序运行后并没有看到输出的结果，而是看到一个编译器错误(Compiler Errors)窗口，它显示错误信息(图 1-16)，你可能不理解。

这种错误信息指出了代码中出现错误的原因及位置。

当 Flash 创建 SWF 文件时，它会编译 AS 3.0 代码，查看并确认代码是否正常。如果正常，它会创建 SWF 文件；如果发现错误，则会给出错误信息。有时错误信息能准确地指出问题所在，但通常情况下它只能告诉用户一般应该找寻的问题及大致的寻找方向，这样就要凭经验细心诊断才行。

编译器错误窗口会告诉用户程序在哪一行出现了错误，用鼠标双击错误信息，将跳转到

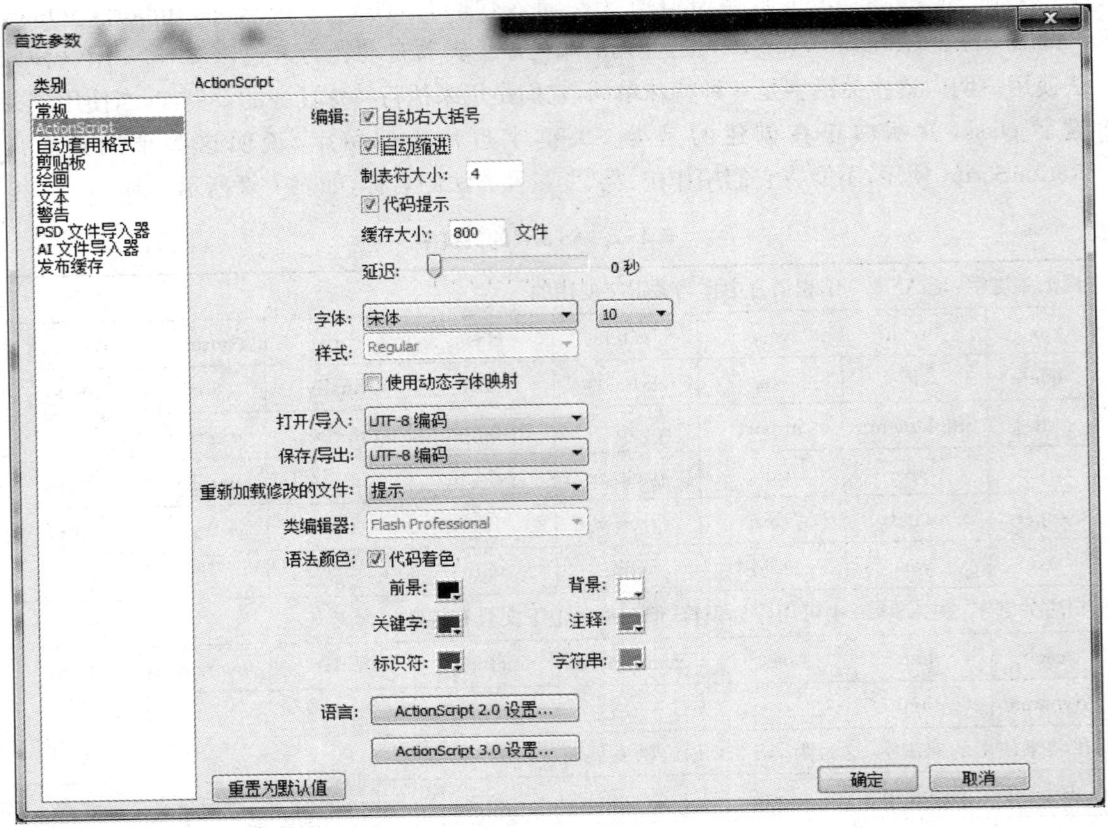

首选参数

类别

常规
ActionScript
自动套用格式
剪贴板
绘画
文本
警告
PSD 文件导入器
AI 文件导入器
发布缓存

ActionScript

编辑: ☑ 自动右大括号
☑ 自动缩进
制表符大小: 4
☑ 代码提示
缓存大小: 800 文件
延迟: 0 秒
字体: 宋体 10
样式: Regular
☐ 使用动态字体映射
打开/导入: UTF-8 编码
保存/导出: UTF-8 编码
重新加载修改的文件: 提示
类编辑器: Flash Professional
语法颜色: ☑ 代码着色
前景: 背景:
关键字: 注释:
标识符: 字符串:
语言: ActionScript 2.0 设置...
ActionScript 3.0 设置...
重置为默认值
确定 取消

图 1-15　设置首选参数

代码中出现错误的地方并高亮显示。接下来就需要用户去考虑如何分析和解决问题了。

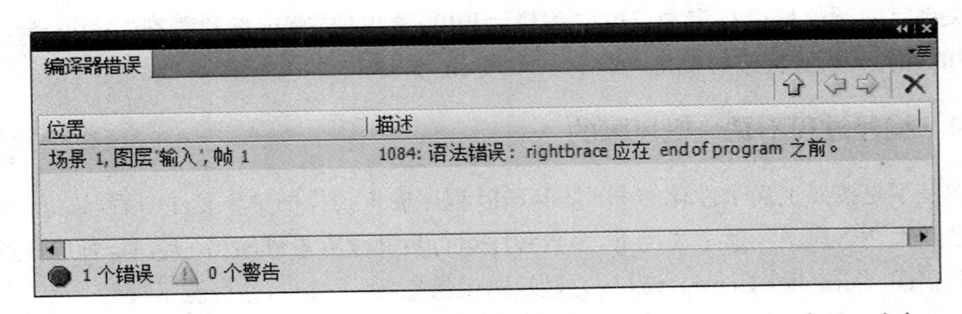

图 1-16　代码中忘记了将花括号关闭,就会在编译器错误窗口中收到一条错误消息

在不确定问题出在哪里的情况下,不妨先看看以下几点是否正确:

- 文件都保存到正确的位置了吗?
- 代码拼写都正确吗?大小写都正确吗?
- 文件夹和文件的名称是否与包名和类名相匹配?

- 看 AS 3.0 代码颜色，默认情况下：关键字是蓝色，字符串是绿色，函数和变量是黑色，注释是灰色。如果有的不是，很明显可能是拼写错误了。
- 所有的花括号和圆括号是否闭合？
- 属性面板上的类字段中是否已经输入的正确了类名？

除此之外，在调试程序时，一般要记住以下几点：

(1) 如果有多个错误消息出现，先尝试解决第一个。因为后面的错误可能是由于前面的错误产生的。

(2) 一定要在重新发布之前保存正在使用的 AS 文件！

(3) 每次重新发布都只针对一项内容的改动，这样能够确切地知道症结所在。

(4) 记住程序员的永恒咒语：早测试，常测试。

1.6 良好的编程规范

1.6.1 让所有人读懂你的代码：为代码加注释

为代码添加简明扼要的注释。这些看似多余的工作会让你在日后修改代码时，感激今日所做的工作。如果你与其他人一起工作，或许今后有人想要修改你的代码，那么这些注释将让别人更容易理解你的代码。

有两种注释类型：行注释和块注释。行注释通常是单行注释，采用双线杠“//”；块注释为一行或者多行注释，将注释放在“/ * ”和“ * /”之间。

1.6.2 命名规范

在 AS 3.0 编程中，会用到很多标识符，如变量、常量、函数名、对象名、实例名和类名。你可能会注意到命名中的一些特殊情况。外部 AS 文件名：HelloWorld；创建一个类型为 TextField 类型的变量：myText。

是否觉得有些奇怪？为何 HelloWorld 中的 H 和 W 都是大写，而且两个单词间没有空格？为何 myText 中的 m 是小写，而 T 是大写？这是一种被程序员亲切地称为驼峰标记法的命名方式。

驼峰标记法是命名规范中的重要一环，程序员会用命名规范来决定他们所创建的包、类、对象、变量、方法及文件的名称样式。严格遵守这些命名规范，能更好地避免一些错误，并且使程序可读性更强。

本书中将会用到以下两种驼峰标记法：

(1) 小写驼峰命名法：首字母小写。这种命名法用于包、对象、变量与方法的命名，也可以用它来命名 FLA 文件名(如 helloFlash_1. fla)。

(2) 大写驼峰命名法：首字母大写。用于类、构造函数的命名。也可以用它来命名 AS 类文件名(如 HelloFlash2. as)，因为类文件名必须与其中定义的类名相同。

不管是哪种命名，一般都以英文开头，后接字母、数字、下划线等。不能接空格、问号等其他符号。

1.6.3 使用描述性的标识符名称

程序中会用到这么多的标识符，怎样才能使代码变得一目了然，容易读懂？因此需要使用描述性的名称，采用具有一定意义的英文单词的缩写或者组合命名，符合最小长度、最大信息量原则，做到顾名思义。

由于 ActionScript 编程语言对大小写敏感，所以标识符是区分大小写的，如 myText 与 mytext 是不相同的两个标识符。另外，标识符的命名不要使用 AS 3.0 中的关键字。

2.1 变量和常量

在程序设计中，中心工作就是要处理各种数据。而数据的类型又可以分为两大类：一类是不变的，在程序中始终是固定的值，这种数据称为常量；另一类是可变的，称之为变量。

2.1.1 常量

常量是指程序运行过程中始终不变的量，使用 const 关键字声明的特殊数据。只能在声明常量的同时给它赋值，一旦赋值就不能更改。

const 常量名：类型＝值；

Flash Player API 定义了一组广泛使用的常量。按照惯例，常量全部用大写字母，各个单词之间用下划线字符“_”来分隔。

例如，const PI：Number＝3.1415926；

代表一个数学常量 PI，其近似值为 3.141 592 6。

在 MouseEvent 类定义中，将每个常量都表示为一个与鼠标输入有关的事件。

```
package flash.events
{
    public class MouseEvent extends Event
    {
        pulic static const CLICK:String = "click";
        public static const MOUSE_MOVE:String = "mouseMove";
    }
}
```

2.1.2 变量

变量存放的也是程序运行过程中使用的数据，但它与常量的区别是：变量中的值是可读

可写的。使用 var 关键字声明，变量值可以在整个脚本执行过程中多次更改其值。

声明变量有以下三种方式：

(1) 声明语句。

```
var 变量名:数据类型;
```

(2) 声明变量和给变量赋值分为两条语句。

```
var 变量名:数据类型;
变量名=值;
```

(3) 声明变量和给变量赋值合并成一条语句。

```
var 变量名:数据类型=值;
```

第三种方式比较常用，比如在创建数组、使用 new 的方式创建类的实例对象时。例如：var myBall:Ball=new Ball()；

说明：

- var 是声明变量的关键字，使变量合法化。
- “:”类型运算符，用于指定变量的数据类型。
- “=”赋值操作符，用于为变量赋值。
- 如果要在一行中声明多个变量，可以使用“,”逗号运算符来分隔变量。例如：var i:int=0,j:int=1。
- 变量的命名要符合标识符命名规范，采用小写驼峰命名法。

注意：

对变量的声明同时，也可以不指定其数据类型；如果指定了数据类型，就可以很方便地使用相关类的属性和成员函数。这时在变量的后面键入“.”后，Flash IDE 会显示相关的可使用的提示列表。如图 2-1 所示，声明一个 Array 数组类型的变量“myArray”(也称为类的对象)，列表框列出的是 Array 类的属性和成员函数。

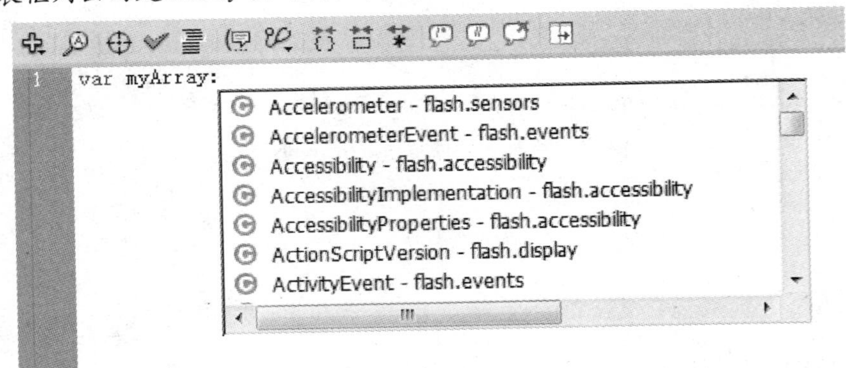

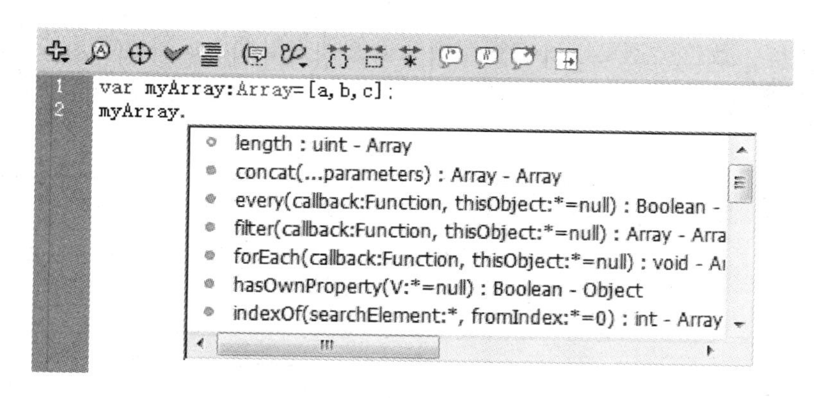

图 2-1 代码输入提示列表

变量还可以按照变量的使用范围分为局部变量和全局变量。

(1) 全局变量是指在代码的所有域中定义的变量,全局变量在函数定义或类定义的内部和外部均可用。例如:

```
var strGlobal:String = "Global";
  function test()
  {
      trace("函数内:"+strGlobal);
  }
  test();
  trace("函数外:"+strGlobal);
```

输出:

函数内:Global

函数外:Global

(2) 局部变量是指在函数中定义的变量,局部变量仅能在函数内部使用。例如:

```
function test()
  {
     var strLocal:String = "Local";
     trace("函数内:"+strLocal);
  }
  test();
  trace("函数外:"+strLocal);//编译器错误面板报错:访问属性 strLocal 未定义
```

2.2 数据类型

程序中的数据指的是用于数学计算的整数、浮点数,用于文本存储的字符串,用于逻辑

运算的真假值等。数据类型可以确定程序中变量的种类以便组成各种表达式。

AS 3.0 的数据类型可以分为基本数据类型和复杂数据类型，如表 2-1 所示。

表 2-1　基本数据类型

数据类型名称		说　明
布尔型	Boolean	布尔型数据只有两个值真(true)、假(false)
数值型	Number	64 位，可以表示整数、浮点数
整型	int	存储 32 位有符号整数
无符号整型	uint	存储 32 位无符号整数
字符串型	String	16 位字符

复杂数据类型：Object(对象)、Array(数组)。

复杂数据类型的对象初始化和使用方法要比基本数据类型复杂一些。例如：

```
var 对象:Object=new Object();
```

或写成：

```
var 对象:Object={ };
```

各种数据类型的变量默认值，如表 2-2 所示。

表 2-2　数据类型的变量默认值

数 据 类 型	变 量 默 认 值
Boolean	False
Number	NaN
int	0
uint	0
String	null
Array	null
Object 其他所有类	null
没声明	undefined

说明：

- NaN 是一个特殊值，表示非数字的某个值。
- null 和 undefined 并不代表任何有效值。
- 一般情况下，定义好的变量都先赋一个初始值。

2.3 运算符

AS 3.0 语言中有 4 种常用运算符，分别是算术运算符、赋值运算符、关系运算符和逻辑运算符。

2.3.1 算术运算符

所有算术运算符都以数值数据为操作数计算，如表 2-3 所示。

表 2-3 算术运算符

运算符	执行的运算
＋	加法
－	减法
*	乘法
/	浮点数除法
%	除法取余数
＋＋	自加
－－	自减

说明：

数值之间可以通过“＋”号来进行算术运算，字符串之间用“＋”号，则表示字符串之间的连接，即把两个或多个字符串连接成一个字符串。例如：

```
myText.text="Flash"
trace("Hello"+myText.text);
```

输出的结果是：

```
HelloFlash
```

2.3.2 赋值运算符

赋值运算符是二元运算符，执行从右往左的运算过程，如表 2-4 所示。

表 2-4 赋值运算符

运算符	执行的运算
＝	赋值
＋＝	加法赋值
－＝	减法赋值

（续表）

运算符	执行的运算
*=	乘法赋值
/=	除法赋值
%=	求模赋值

例如：ball_mc.x=ball_mc.x+5;

等同于 ball_mc.x+ =5;

2.3.3 关系运算符

关系运算符又称比较运算，用来比较两个操作数的大小关系。关系表达式根据比较的结果返回一个布尔值：真(true)或假(false)，如表 2-5 所示。

表 2-5 关系运算符

运算符	执行的运算
<	小于
>	大于
==	等于
<=	小于或等于
>=	大于或等于
! =	不等于

2.3.4 逻辑运算符

逻辑运算符如表 2-6 所示。

表 2-6 逻辑运算符

运算符	执行的运算	说　明
&&	与(AND)运算	二元运算符： 两边的值都为 true 时，结果才为 true； 其中有一边的值为 false，结果都为 false
||	或(OR)运算	二元运算符： 两边的值都为 false 时，结果才为 false； 其中有一边的值为 true，结果都为 true
!	取反(NOT)运算	一元运算符

2.4 程序结构与函数

根据代码执行的顺序，AS 3.0 的程序可以分为顺序结构、选择(分支)结构和循环结构。

2.4.1 条件语句和分支语句

AS 3.0 提供了 if 和 switch 语句来实现程序的分支。

1. if 语句

```
if(条件){
    程序代码;//条件为真,执行的代码;
}
```

其程序流程如图 2-2 所示。

2. if... else 语句

```
if(条件){
    程序代码 1;//条件为真,执行的代码;
}
else{
    程序代码 2;//条件为假,执行的代码;
}
```

其程序流程如图 2-3 所示。

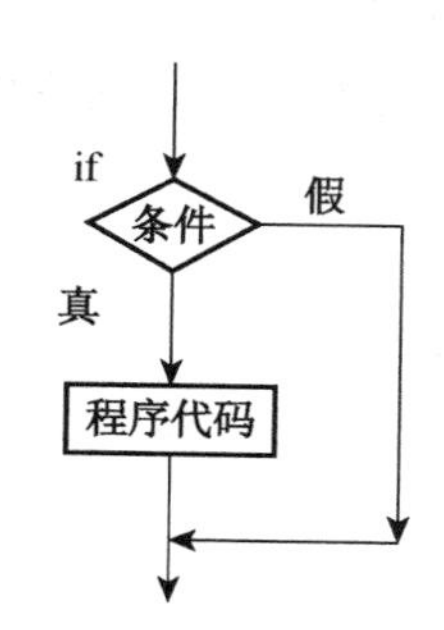

图 2-2 if 语句流程图

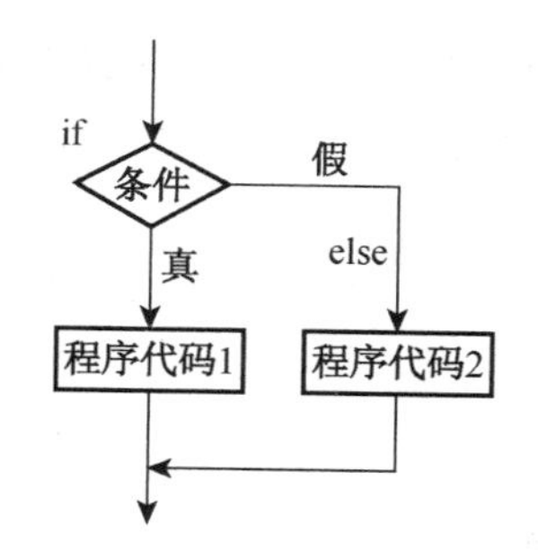

图 2-3 if... else 语句流程图

3. if... else if 语句

if... else if 语句实际上是 if... else 语句的升级。

```
if(条件 1){
    程序代码 1;//条件 1 为真,执行的程序;
```

```
}
else if(条件 2){
    程序代码 2;//条件 2 为真,执行的程序;
}
else{
    程序代码 3;//条件 2 为假,执行的程序
}
```

其程序流程如图 2-4 所示。

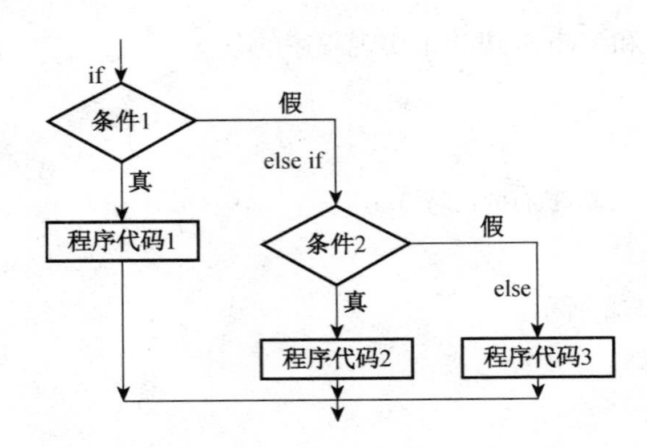

图 2-4　if...else if 语句流程图

4. switch...case 分支语句

如果多个执行路径依赖于同一个条件表达式,则 switch 语句非常有用。它的功能大致相当于一系列 if...else if 语句,而且更加便于阅读,代码层次更加清晰。switch 语句不是对条件进行测试以获得布尔值,而是对表达式进行求值并使用结果来确定要执行的代码块。代码块以 case 语句开头,以 break 语句结尾。根据表达式的值,控制程序转移到某个 case 语句块中,执行完后遇 break 语句跳出 switch 语句。如果没有与表达式的值相匹配的 case,则执行 default 中语句块。

```
switch(表达式){
case value1:
    //程序段 1;
    break;
case value2:
    //程序段 2;
    break;
...
case valueN:
    //程序段 N;
    break;
```

```
default:
    //程序段 N+1;
}
```

例如，学生的成绩评价程序为

```
var score:Number =96;
var rank:int = score / 10;
switch (rank)
{
case 10:
case 9: trace("优秀");
break;
case 8:trace("良好");
break;
case 7:trace("中");
break;
case 6:trace("及格");
break;
default:
trace("不及格");
}
```

2.4.2 循环语句

AS 3.0 提供了 5 种循环语句，其中 for 循环语句和 while 循环语句是最常用的语句。

1. for 语句

```
for(循环变量赋初值;循环条件;循环变量增减表达式){
  //循环体
}
```

for 语句的循环必须有 3 个表达式：第一个是设置了循环初始值的变量；第二个是确定循环结束的条件判断语句；最后一个是每次循环变量改变的表达式。

其程序流程如图 2-5 所示。

例如，通过 for 循环语句来创建多个影片剪辑实例影片剪辑效果和最终显示效果如图 2-6 所示。

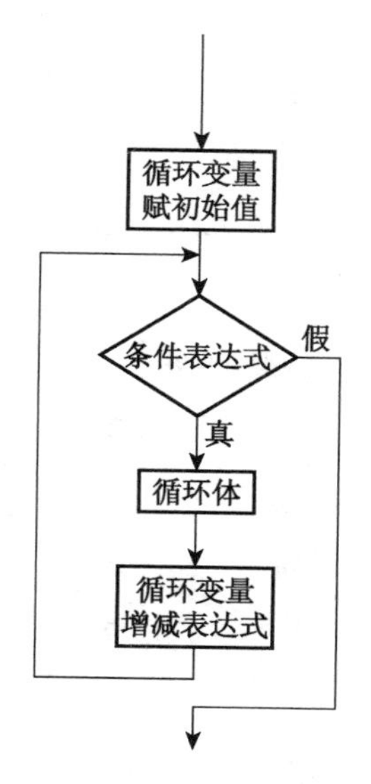

图 2-5 for 循环语句流程图

```
for (var i=1; i<=6; i++)
{
    var bar_mc:Bar = new Bar();
    bar_mc.x = 80 + 20 * i;
    bar_mc.y = 200;
    addChild(bar_mc);
}
```

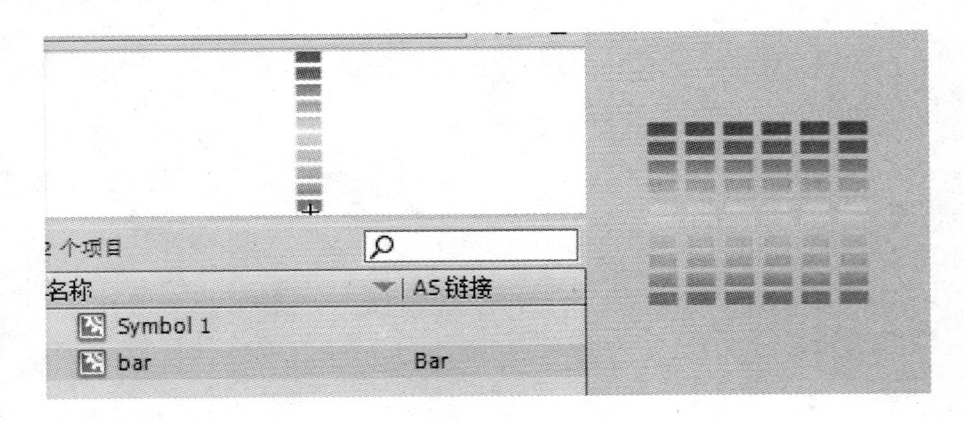

图 2-6　影片剪辑效果和最终显示效果

2. for...in 语句

for...in 语句用于对数组或者对象的属性进行循环操作，循环中的代码每执行一次，就会对数组的元素或者对象的属性进行一次操作。

```
for (变量 in 对象)
{
    在此执行代码
}
```

其中"变量"可以是数组元素，也可以是对象的属性。

(1) 对象循环。

```
var object:Object = {x:20,y:30};
for(var i in object){
trace(i+":"+object[i]);
}
```

输出结果为

```
x:20
y:30
```

（2）数组循环。

```
var array:Array=["one","two","three"];
for(var i in array){
    trace(array[i])
}
```

输出结果为

```
one
two
three
```

3. for each... in 语句

AS 3.0 中新添加的语句，不仅可以用于对象和数组，而且可以用于 XML 对象。与 for... in 语句不同，for each... in 语句将遍历对象属性的值，而不是属性的名称。

下例使用 for each... in 遍历对象的属性具有的值：

```
var object:Object={x:20,y:30}
for each(var i in object){
    trace(i)
}
```

输出结果为

```
20
30
```

4. while 语句

while 循环语句是在执行循环之前，先判断条件表达式的值，值为真才执行循环体代码。

```
while(条件表达式){
    //循环体
}
```

例如：

```
var i:int =4;
while (i<5)
{
    trace("i="+i);
    i++;
}
```

输出结果为

```
i=4
```

5. do...while 语句

do...while 循环语句是先执行一次循环体，然后再判断条件表达式的值，如果为真就再次执行循环体中的代码。

```
do{
    //循环体
}while(条件表达式)
```

例如：

```
var i =5;
do
{
    trace("i="+i);
    i++;
} while (i<5);
```

输出结果为

```
i=5
```

2.4.3 函数

一般来说，函数指的是在程序中可以重复使用的代码块。函数通过参数接收外部数据，也可以对调用函数处返回一个值。

在设计较为复杂的程序时，可以把整个程序分成几个功能模块，每一个模块对应一个函数。

函数语句以 function 关键字开头，后面跟随函数名，用小括号括起来的逗号分隔开的参数列表。函数可以拥有一个返回值，函数根据输入的变量值进行计算，并利用 return 语句返回结果。函数指定返回类型，则必须返回相应类型的值。

```
function 函数名(参数 1:参数类型,参数 2:参数类型…):返回类型{
    //函数的执行代码(函数体)
}
```

执行函数中的代码称为函数的调用。一般情况下，通过后跟小括号运算符“()”的函数标识符来调用函数，发送给函数的参数都在小括号中，按照函数定义中的参数顺序给出。

函数调用的语法为：

```
函数名(参数列表)
```

例如，创建一个函数求两个数之和。

```
var s:int = 0;
    addFun(2,3);
    trace(addFun(2,3));//输出:5;
    function addFun(x:int,y:int):int
    {
        s = x + y;
        return (s);
    }
```

如果将函数定义为类定义的一部分或者将它附加到对象的实例,该函数则称为方法,通过创建类的对象来使用它们。例如:

```
mc.gotoAndPlay(2);
```

第 3 章 面向对象和类

3.1 类、对象、属性和方法

类就像是一张蓝图(一个模板),同类型的对象可以共用相同的属性或行为。比如:车轮。多数汽车有 4 个轮子,它们不仅看上去相同,而且功能也相同:能够滚动。唯一的区别就是名称不同,分别是左前轮、右前轮、左后轮和右后轮。所以如果说要设计一辆汽车,干嘛要费事设计 4 个轮子呢? 为什么不只设计一个轮子然后对它复制 3 次呢? 这就是类所提供的便利性。类这个词的字面意思就是有着同样属性和行为的一大类事物。汽车设计师可能会创建一个叫作 Wheel 的车轮。然后把 Wheel 类当成父本分别制作出 4 个新的复制品(或者说是对象),分别是 leftFrontWheel, rightFrontWheel, leftBackWheel, rightBackWheel,这些车轮的属性和行为跟它们 Wheel 父类完全相同,只是名字各不相同而已。所以,类是在创建一种标准模具,可以用这种标准模具制作该类的具体对象,随用户所需,无论多少都可以,这样就不必每次都重新创建了。

类是指一个对象的类型,是抽象化的概念,不能直接用于程序。AS 3.0 中最常见的 MovieClip 就是一个类,它用来表示影片剪辑。在 Flash 设计中,存放在库中的影片剪辑元件都是 MovieClip 类的子类,而显示在舞台上的影片剪辑实例则称为影片剪辑对象。同样,文本域、按钮、视频都有对应的类。

对象是一个类的具体实例,是程序中参与实际操作的基本元素。

3.2 AS 3.0 类的架构

3.2.1 类的构成

类由以下四个方面构成:

（1）Class 的名称和 package 包路径。

（2）构造函数。

（3）属性，包括实例属性和静态属性，指一个对象“所拥有的”东西，存放与类相关的信息变量。

（4）方法，包括实例方法和静态方法，指一个对象“所能做的”事情。在类中，方法相当于是一个函数。

3.2.2 类的基本结构

```
package 包名
{
    import 类包;
    public class 类
    {
        //属性
        public function 构造函数()
        {
            //函数代码
        }
        //方法
    }
}
```

说明：

- package 包体括号内只能定义一个 Class 类。
- package 包体中定义的 Class 类名，必须与类文件名相同。
- 在 package 包体括号外还可以定义其他类，称为包外类，只能被当前 AS 文件中的成员类访问。

3.2.3 类的类型

AS 3.0 中的类分为内建类和自定义类两种类型。

内建类大致分为三大部分：顶级包、fl 包和 flash 包。

AS 3.0 的顶级包由核心类和全局函数构成，可以在任何地方被直接调用，不需要导入包。从功能上说，它们是最基础的类和函数，是编程中经常要打交道的。AS 3.0 处于顶级的核心类有 28 个（表 3-1），全局函数有 21 个（表 3-2）以及全局常量 4 个。

表 3-1 核心类

分 类	所包含的类	说 明
根类	object	根类，所有类都是从它直接或间接继承
语言结构	class, Function, Namespace, arguments	一些 AS 3.0 语言元素相关的类
基本类型	int, Boolean, Number, String, uint	基本数据类型
常用复杂类型	Array, Date, RegExp	
XML 相关类	XML, XMLList, Qname	
异常类	Error, ArgumentError, DefinitionError, EvalError, ReferenceError, SecurityError, RangeError, TypeError, SyntaxError, URIError, VerifyError	
工具类	Math	

表 3-2 全局函数

说 明	类
类型转换函数	Array(... arguments):Array Boolean(expression:Object):Boolean int(value:Number):int Number(expression:Object):Number Object(value:Object):Object String(expression:Object):String uint(value:Number):uint XML(expression:Object):XML XMLList(expression:Object):XMLList
通用资源标志符(Uniform Resource Identifier，简称 URI)编码解码	decodeURI(uri:String):String decodeURIComponent(uri:String):String encodeURI(uri:String):String encodeURIComponent(uri:String):String
URL 格式编码解码	escape(str:String):String unescape(str:String):String
几个判值函数	isFinite(num:Number):Boolean isNaN(num:Number):Boolean isXMLName(str:String):Boolean
字符串转数字函数	parseFloat(str:String):Number parseInt(str:String, radix:uint=0):Number
控制台输出函数	trace(... arguments):void

注：... 表示参数个数不确定。

flash包是Flash CS和Flex共用的包，是AS 3.0的基础包，fl包和mx包都是扩展自flash包。

fl包是Flash CS组件相关的包，是Flash CS专有包。

fl包、flash包又可以细分为各种不同类别的子包，大约有33个类包，这些类包中有事件包，有关于图形的，关于XML的，有滤镜的，有组件的，有数据的，有视频的，有动画的媒体包，等等。常用类包如表3-3所示。这些包都可以在动作面板的动作工具箱里看到，也可以通过帮助手册查到所有的包及其子包。

表3-3　常用类包

类　　包	说　　明
flash. display	flash. display包中包含Flash Player用于构建可视显示内容的核心类
flash. events	事件包，定义事件
flash. ui	与键盘、鼠标、菜单设置有关
flash. net	flash. net包中包含用于在网络中发送和接收的类，如URL下载和Flash Remoting
flash. media	flash. media包中包含用于处理声音和视频等多媒体资源的类
flash. filters	flash. filters包中包含用于位图滤镜效果的类。使用滤镜可以应用丰富的视觉效果来显示对象，例如模糊、斜角、发光和投影
flash. geom	flash. geom包中包含geometry类(如点、矩形和转换矩阵)以支持BitmapData类和位图缓存功能
fl. video	fl. video包中包含用于处理FLVPlayback和FLVPlaybackCaptioning组件的类
flash. text	flash. text包中包含用于处理文本字段、文本格式、文本度量、样式表和布局的类
fl. transitions. easing	fl. transitions. easing包中包含可与fl. transitions类一起用来创建缓动效果的类。"缓动"是指动画过程中的渐进加速或减速，它会使动画看起来更逼真。此包中的类支持多个缓动效果，以加强动画效果
fl. transitions	fl. transitions包中包含一些类，可通过它们使用ActionScript来创建动画效果。可以将Tween和TransitionManager类作为主要类以在ActionScript 3.0中自定义动画

3.3 类的使用

3.3.1 创建类的对象

在程序中要往舞台上动态添加对象前，对象必须先存在，使用一个定义好的类创建对象的过程称为"实例化"。建立实例化对象的语句格式如下：

```
var 对象实例名称:类= new 类()
```

例如：

```
var mySprite:Sprite=new Sprite();
```

new 关键字后跟的其实不是类名，而是类的构造函数。构造函数是特殊的方法，会建立类的实例，详见 3.4 节自定义类。

特别情况下，顶级类中的 5 个基本数据类型在创建对象时可以不使用 new 操作符，直接赋值即可。例如：

```
var a:Number=5;
var str:String="Hello";
```

另外 Array 类与 Object 类也可以这样创建一个类的对象。例如：

```
var myArr:Array=[1,2,3];
```

创建对象后，每个对象都包含类中定义的属性和方法，可以通过点运算符对这些属性和方法进行访问。例如：

```
var myText:TextField=new TextField();
myText.text="HelloFlash!";
```

3.3.2 访问类的属性和方法

使用 new 语法实例化对象后，就可以使用类中的属性和方法了。语法格式：

```
对象.属性;
对象.方法名(参数);
```

3.3.3 包的导入(import)

要在程序中使用某个类之前，必须在使用之前先导入这个类所在的包。

在 Flash CS5.5 文档时间轴上写代码时，flash. * 默认是自动导入的，可不用手动 import。

1. 导入单个类

```
import 包路径.类名;
```

例如：

```
import flash.display.Sprite;
包路径:flash.display
类名:Sprite
```

2. 使用通配符导入整个包

使用 * 号可以快速导入指定包的所有类，但一般为了程序的清晰，建议少用，而是直接

写清楚导入类的包名。

```
import 包路径.*;
```

例如：

```
import flash.display.*
```

3. 使用同一个包内的类文件无须导入

3.4 自定义类

3.4.1 简单的自定义类

现在来写一个简单的自定义类，了解一下类的结构。

```
package{
    public class MyClass{
        public function MyClass(){
        }
    }
}
```

这是类的一个简单结构，package 是包的意思，也就是类文件所放的位置，假设现在这个项目放在 D:\test 文件夹中，那么刚才写的类直接保存在 test 这个文件夹中，取名叫 MyClass.as，注意这里类的文件名应该跟类名一致，包括字母的大小写也必须严格一致。上面 package 后面没有任何东西，如果现在将代码写成：

```
package com.utils{
    public class MyClass{
        public function MyClass(){
        }
    }
}
```

那么 MyClass.as 就应该放在 D:\test\com\utils 路径下。所以包根据它所在的目录及所嵌套的层级来构造。包中的每一个名称对应一个真实的文件夹，这些名称通过点来隔开。

public class MyClass 表示要创建类的名字是 MyClass，习惯以大写字母开头。

public function MyClass(){ }：function 代表一个方法名（可以说是函数）。与类名相同的方法，称为构造函数，就是这个类被实例化时执行的函数。现在在构造函数中增加一条

语句：

```
package com. utils{
    public class MyClass{
        public function MyClass(){
        trace("这是我写的第一个类。");
      }
    }
}
```

在 D:\test 下建立一个 FLA 文件 test. fla，在第 1 帧写如下代码：

```
import com. utils. MyClass;
var myClass:MyClass = new MyClass();
```

运行后，在输出面板中看到“这是我写的第一个类。”这条信息了。

import com. utils. MyClass：导入类，类在使用前要加入包名 com. utils。

var myClass:MyClass=new MyClass()：实例化 MyClass 类，实例化时执行构造函数，即执行构造函数中的 trace 语句。

3.4.2 成员常量、成员变量和成员函数

接着来看下面这段代码：

```
package com. utils{
    public class MyClass{
        public const PI:Number = 3.1415926;
        public var r:Number;
        private var s:Number;
        public function MyClass(){
        trace("这是我写的第一个类。");
      }
    }
}
```

这里在以前的基础上增加了几句代码，const 是定义常量，var 是定义变量。

public，private 是访问属性关键字，在 AS 3.0 中，对类及类的成员有严格的访问限制，它通过关键字来确定其可被访问的范围，通常这些关键字被称为访问属性（表 3-4、表 3-5）。类成员指的是类的属性和方法，属性就是类中定义的变量或常量，方法就是类中定义的函数。

表 3-4　类的访问属性

访问属性	含　　义
dynamic	允许在运行时动态向对象添加属性
final	不允许被其他类继承
internal	只在当前的包中可见，缺省时为该属性
public	在任何位置可见

表 3-5　类成员的访问属性

访问属性	含　　义
internal	只在当前的包中可见，缺省时为该属性，表示包内成员可以访问，包外不可访问
private	在同一个类里可见
protected	在同一个类及派生类里可见
public	在任何位置可见
final	不允许被子类重定义
override	指明重定义继承来的方法
static	静态成员

这里先重点看 public，private 这两个属性关键字，从字面上理解 public 是公共的意思，简单地说就是任何地方都可以调用，private 是私有的意思，就是说只有这个类中才可以调用。下面用一个例子做一个简单的说明，还是在 test. fla 文件中的第 1 帧加上代码：

```
import com. utils. MyClass;
var myClass:MyClass = new MyClass();
myClass. r = 4; //正确
myClass. s = 20;//错误
```

可以看到，因为 r 声明为 public，所以在外部调用是正确的；s 声明为 private，所以不直接在外部访问 s 这个变量，这就是 public 和 private 的区别。那要在外部改变 s 的值应该怎么做呢？我们可以这样做，再来修改 MyClass 类。

```
package com. utils
{
    public class MyClass
    {
```

```
public const PI:Number = 3.1415926;
    public var r:Number;
    private var s:Number;
    public function MyClass()
    {
        trace("这是我写的第一个类。");
    }
    public function setSValue(value:Number):void
    {
        s=value;
    }
}
}
```

通过一个公共方法 setSValue 设置 s 的值，在 test.fla 文件中这样调用：

```
myClass.setSValue(20);
```

当然跟其他语言一样，也可以用 get 和 set 方法来读取或写入 private 变量的值：

```
package com.utils
{
    public class MyClass
    {
        public const PI:Number = 3.1415926;
        public var r:Number;
        private var s:Number;
        public function MyClass()
        {
            trace("这是我写的第一个类。");
        }
        public function set sValue(value:Number):void
        {
            s=value;
        }
        public function get sValue():Number
        {
            return s;
        }
    }
}
```

在 test. fla 文件中这样调用：

```
myClass.sValue =20;//(当使用过 set 后可以这样操作)
var a = myClass.sValue;//(当使用过 get 后可以这样操作)
```

3.4.3 类的继承

下面来看面向对象语言中讲到的一个比较重要的概念——继承。

继承是指一种代码重用的形式，可以基于现有类开发新类。现有类通常称为“基类”或“超类”，新类通常称为“子类”。

还是在 D:\test\com\utils 路径下新建一个类 MySubClass. as，代码如下：

```
package com.utils
{
    import com.utils.MyClass;//类在使用之前要先导入
    public classMySubClass extends MyClass
    {
        public function MySubClass()
        {
            trace("Pi:",PI);//正确
            trace("r:",r);//正确
            trace("s:",s);//错误
        }
    }
}
```

我们发现，这个类跟之前写的类的区别是多了 extends 这个关键字，这个关键字的作用就是说明类 MySubClass 继承 MyClass 类，继承之后就可以使用 MyClass 类里的变量和方法了，达到代码重用的目的。

可以看到 PI，r，s 是在 MyClass 类中定义的变量，由于 MySubClass 继承了 MyClass，所以 MySubClass 也能使用这些变量了。

上文讲到的“访问属性关键字”，public 和 protected 在子类中是可以使用的，private 是不行的，所以这里 PI 和 r 是可以使用的，s 不能用。并且子类在构造的时候也会执行基类的构造方法。

修改一下 test. fla 文件的代码：

```
import net.smilecn.MySubClass;
var mySubClass:MySubClass = new MySubClass();
mySubClass.r = 3;
```

输出面板会显示：

```
这是我写的第一个类
Pi：3.1415926
r：3
```

上文讲的继承是继承自定义类，如果要用到影片剪辑等，更多地继承 AS 3.0 内置类——Sprite 和 MovieClip。来看一段代码：

```
package com.utils
{
    import flash.display.Sprite;
    public class MySprite extends Sprite
    {
        public function MySprite()
        {
            graphics.beginFill(0xFFCC00);
            graphics.drawCircle(40, 40, 40);
        }
    }
}
```

建立一个 MySprite 类，因为继承自 Sprite 类，所以可以使用 graphics 来画图，此处画了一个圆(详见 5.5 节渲染)。

要使用该类，同样要在帧上加一些代码：

```
import com.utils.MySprite;
var mySprite:MySprite = new MySprite();
addChild(mySprite);
mySprite.x = 100;
mySprite.y = 100;
```

这里首先还是新建了一个实例，名字叫 mySprite。addChild(mySprite)就是把 MySprite 类中绘制的圆作为一个实例添加到舞台中(详见 5.4 节显示对象的操作)。接下来，设置新的实例对象在舞台上的坐标位置，因为继承的 Sprite 有 x、y 属性，所以 MySprite 也有 x、y 属性。

上面的代码 MySprite 是用代码画的一个图形，有很多图形不可能都用代码去画，这样就失去 Flash 的主要功能了，还可以把库中的元件链接到 MySprite 类中。

在 Flash IDE 中新建一个 MC，在 MC 中用铅笔工具随意绘制一个图形，在库中的 MC 上点右键，选择属性，会出现元件属性对话框，点出高级属性设置，将“为 ActionScript 导出”打上勾，填上要链接的类，这里填上类：com.utils.MySprite；基类：flash.display.Sprite。

然后再发布，之后会发现不仅有刚才画的圆，甚至在刚才的那个 MC 里画的任何东西

都会在里面，这样就做到了元件和类的链接。如果还希望这个元件实现一些具体的功能，比如要响应某个事件，可以在链接类中编写相应功能的代码段。

3.4.4 文档类

文档类(Document Class)是 AS 3.0 中提出的新概念。通常一个 Flash 影片文件(SWF)运行时，程序的入口是主场景时间轴的第 1 帧代码，但如果一个影片使用了文档类，该 Flash 影片的运行就会从文档类开始，即文档类相当于第 1 帧的位置。这样就不用在 FLA 文件里写代码，所有代码都写在 AS 文件里，达到了界面和代码的分离，从此，FLA 文件只管设计，逻辑代码全部由外部的类来包办。

现在建立一个类 Main.as，代码如下：

```
package com.utils
{
    import flash.display.Sprite;
    import com.utils.MySprite;
    public class Main extends Sprite
    {
        public function Main()
        {
          var mySprite:MySprite = new
              MySprite();
          addChild(mySprite);
          mySprite.x = 100;
          mySprite.y = 100;
        }
    }
}
```

我们发现，刚才第 1 帧的代码搬到这个类里面了，原先 test.fla 文件中第 1 帧的代码可以完全删除。最后在 test.fla 文件的属性栏中找到文档类，在后面输入类的位置：com.utils.Main(注意是包名加类名)，如图 3-1 所示。再发布一下，跟之前的效果完全一样。

图 3-1　输入文档类

但有的时候，只需要将库中的 MC 载入到场景中，并不需要 MC 绑定一个链接类，因此，只需要类后面起个名字就可以了。比如起个名字叫 MyMC

的类，基类就用默认的 flash. display. MovieClip（注意：在点确定时有个找不到类的警告，不用理睬，点击“确定”就可以了），如图 3-2 所示。

名称	AS 链接
元件 1	com.utils.MySprite
元件 2	MyMC

图 3-2　创建链接类

在文档类中这样写：

```
package com.utils
```

```
{
    import flash.display.Sprite;
    import com.utils.MySprite;
    public class Main extends Sprite
    {
        public function Main()
        {
            var myMC:MovieClip=new MyMC();
            addChild(myMC);
            myMC.x=100;
            myMC.y=100;
        }
    }
}
```

3.5 常见内建类

AS 3.0 构建的基本类都来源于 Object，Object 类是 AS 3.0 构建的核心，也是 AS 3.0 整个架构的基石。Object 类派生出很多子类，如事件 Event 类，MovieClip 类、Sprite 类、DisplayObjectContainer 类、InteractiveObject 类、DisplayObject 类和 EventDispatcher 类等。这些类有不同的功能，负责不同的事情。

下面详细介绍最常用的 flash.display 包中包含 Flash Player，用于构建可视显示内容的核心类。

3.5.1 Loader 类

Loader 类可用于加载本地磁盘驱动器或 HTTP 地址中的 SWF 影片文件或图像(JPG，PNG，GIF)文件。

Loader 类是经常用到的操作之一，比如做个图片浏览器，需要加载 JPG 之类的图像文件。如果把这个图像文件导入到库中，将使文件变得很大，更重要的是会失去程序的灵活性，如果要改变图片，必须重新导入到库中。

Loader 类的对象调用 load()方法来启动加载动作。在使用 Loader 类导入外部文件的过程中还需要另外两个类的协同工作，这两个类是 LoaderInfo 和 URLRequest。Loader 类的属性 contentLoaderInfo 是 LoaderInfo 类的对象，用于提供被导入文件的相关信息；URLRequest 类的对象用于在导入之前向 Loader 类的 load()方法提供指定 URL 信息。Loader 类的属性和方法如表 3-6 和表 3-7 所示。

表 3-6　Loader 类的属性

属　　性	说　　明
content:DisplayObject	只读,指被加载文件(SWF 或图像)的根显示对象
contentLoaderInfo:LoaderInfo	只读,指与加载对象相对应的 LoaderInfo 对象

表 3-7　Loader 类的方法

方法名	说　　明
Loader()	构造 Loader 对象
load()	将载入文件成为 Loader 对象的子元件
unload()	移除 load 方法加入的对象
close()	取消目前正在对 Loader 对象执行的 load()载入操作

下段代码实现的功能是从指定位置加载一张图片到影片的指定位置:

```
package
{
    import flash.display.Loader;
    import flash.display.Sprite;
    import flash.events.Event;
    import flash.net.URLRequest;
    public class Main1 extends Sprite
    {
        public function Main1():void
        {
            var url:URLRequest = new URLRequest("pic/pic1.JPG");
            var myLoad:Loader = new Loader();
            myLoad.contentLoaderInfo.addEventListener(Event.COMPLETE, onCom);
            myLoad.load(url);
        }
        function onCom(e:Event):void
        {
            var myLoad:Loader = e.target.loader;
            myLoad.content.width = 284;
            myLoad.content.height = 284;
            pic_mc.addChild(myLoad);
        }
    }
```

```
}
```

如果要加载多张图片，可以通过一个循环来加载。下面的例子是在舞台上放置四个影片剪辑对象来固定位置和大小显示四张图片，同时放置一个按钮，通过鼠标点击按钮来加载这四张图片。

```
package
{
    import flash.display.Sprite;
    import flash.events.Event;
    import flash.display.Loader;
    import flash.net.URLRequest;
    import flash.events.MouseEvent;
    public class Main extends Sprite
    {
        private var mcName:Sprite;
        public function Main():void
        {
            init();
        }
        public function init():void
        {
            pic_btn.addEventListener(MouseEvent.CLICK,onLoadPic);
        }
        private function onLoadPic(e:MouseEvent)
        {
            loadPic(4);
        }
        public function loadPic(num):void
        {
            for (var i:uint=1; i<=num; i++)
            {
                var myLoad:Loader=new Loader();
                mcName = this["pic_mc" + i];
                var path:String = "pic/pic" + i + ".JPG";
                var url:URLRequest = new URLRequest(path);
myLoad.contentLoaderInfo.addEventListener(Event.COMPLETE,onComplete);
                myLoad.load(url);
                mcName.addChild(myLoad);
```

```
            }
        }
        private function onComplete(e:Event)
        {
            var myLoad:Loader = e.target.loader;
            myLoad.content.width = 284; //指定加载的图片的宽度
            myLoad.content.height = 284; //指定加载的图片的高度
        }
    }
}
```

同理,也可以用这个类来加载 SWF。做一个 SWF 作为框架,然后把各个独立的功能做成单独的 SWF 加载进去。比如说做游戏,做一个游戏大厅(这个就是框架),然后各个游戏通过大厅来加载。

3.5.2 Shape类、Sprite类和MovieClip类

Shape类、Sprite类和MovieClip类是flash.display包中应用最多的三个类。Shape类的对象只用于在对象中绘图,不支持交互事件,也不能容纳其他可视对象。

MovieClip即影片剪辑,它是创建动画内容的一个重要元素。在Flash中创建影片剪辑元件,此元件会成为MovieClip类的一个子类,因此继承了MovieClip类的属性和方法。可以通过ActionScript来控制影片内容的播放。

AS 3.0增加了Sprite类,MovieClip成为了Sprite类的子类,Sprite类是一个没有时间轴的影片剪辑。很多情况下,当只使用代码实现动画而不需要处理帧和时间轴时,可以采用轻巧的Sprite类。所以,如果需要容器对象,第一考虑应当选择Sprite;如果需要时间轴的支持,再使用MovieClip。

MovieClip和Sprite相比较,只是多了对时间轴的支持。因此,在MovieClip对象比Sprite对象多出的属性和方法中,大部分是与时间轴播放相关,如表3-8所示。

表3-8 MovieClip时间轴播放的方法

方法名	说明
play()	让播放头开始播放
stop()	停止播放
gotoAndPlay(帧数或标签字符串,场景)	指示播放头从指定帧数或标签开始播放。场景是可选参数
gotoAndStop(帧数或标签字符串,场景)	指示播放头跳转到指定帧数或标签,并停止播放。场景是可选参数

（续表）

方法名	说明
nextFrame()	跳到下一帧，并停止
prevFrame()	跳到上一帧，并停止
nextScene()	跳到下一场景
prevScene()	跳到上一场景

3.5.3 Graphics 类

Graphics 类从 Object 类继承而来，它包含一组可以用来创建矢量图形的方法。

在具体使用时不能直接创建 Graphics 类的对象，通常情况下需要使用 Shape 类、Sprite 类和 MovieClip 类的 graphics 属性来完成绘图。

Graphics 类中提供了一组绘图方法，可以在所属对象中绘制各种图形，如直线、曲线、形状及填充，也可以绘制各种渐变效果的图形（详见 5.5 节渲染）。

3.5.4 Bitmap 类和 BitmapData 类

数字图像有两种不同的类型：位图和矢量图。Graphics 类提供了绘制矢量图的方法；对于位图，可以使用 Loader 类从外部导入，也可以使用 AS 3.0 提供的位图相关类创建。

Bitmap 类面向显示；BitmapData 类面向数据，是位图的内部表示。使用 Bitmap 类显示的位图可以是使用 flash.display.Loader 类加载的图像，也可以是使用 Bitmap() 构造函数创建的图像。如果使用 Bitmap() 构造函数创建位图，需要提供一个 BitmapData 类对象作为参数。

Bitmap 类的属性和方法比较少，最常用的是 BitmapData 属性，它指定了被引用的 BitmapData 类对象（详见 5.5 节渲染）。

事件侦听机制

4.1 事件和事件侦听

4.1.1 事件

对于 Flash 而言，其重要的部分就是与用户进行交互。AS 3.0 采用文档对象模型第 3 级事件模型（Document Object Model，简称 DOM），该模型提供了一种生成并处理事件消息的标准方法，使应用程序中的对象可以进行交互和通信，同时保持自身状态并响应更改。这是一种比早期 AS 版本事件系统更统一、更标准、更易用、更灵活的机制。

用户的操作，例如键盘输入、鼠标点击等引起响应，然后在内部进行一系列的操作，最终返回用户需求的信息。简单的过程，即包含了事件的核心思想。用户的操作触发了某个事件，同时产生该事件的信息，通知相关的对象进行处理。其中，如何发起消息、传递消息是非常关键的。

4.1.2 事件侦听机制

事件侦听机制，即当事件发生时，需要建立某种机制来捕获事件和处理事件。

当我们点击一个按钮时，在 AS 2.0 中可能会用到这样的语句：

```
btn.onPress = function(){
    //点击后代码
};
```

AS 3.0 放弃了 AS 2.0 的重载 on 事件函数的机制，采用了统一的 addEventListener 事件侦听机制来完成，事件处理变得更加强大和直观。使用 addEventListener 方法来指定某一个类或对象作为一个侦听指定事件的侦听器，通过它传递想要侦听的事件名称和类中将作为处理器的函数名称。一般的事件侦听器代码如下：

```
事件接收对象.addEventListener(事件类.事件类型,事件处理函数);
function 事件处理函数(事件实例:事件类)
{
    //此处为响应事件而执行的脚本
}
```

这个结构包含了三个要点：

首先，明确侦听的是什么事件，addEventListener 的第一个参数指定事件类型。

其次，指出谁接收事件，事件接收对象就是接收事件的主体。

最后，接收事件后如何处理，这通过事件处理函数来实现，addEventListener 的第二个参数就是事件处理函数名。事件接收对象侦听到相应的事件后就调用这个事件处理函数，并将这个事件对象作为其参数。

例如，舞台上有一个按钮对象 btn，用 addEventListener 来侦听一个鼠标点击事件。下面代码是在 btn 对象上建立一个侦听器和一个处理器：

```
btn.addEventListener(MouseEvent.CLICK,btnClickHandler);
function btnClickHandler(event:MouseEvent):void{
//点击后代码
}
```

当按钮对象 btn 捕获到已注册的鼠标事件 CLICK 时，对应的事件处理函数 btnClickHandler 就会随即执行。

我们经常会用到很多侦听，因此会写很多个 addEventListener，但是有些侦听用过一次后就不会再用了，那么，为了节省资源，要将这些侦听删除掉，可以用这样的方法：

```
instance.addEventListener(MouseEvent.CLICK,insClickHandler);//添加侦听
instance.removeEventListener(MouseEvent.CLICK,insClickHandler);//删除侦听
```

这里用 removeEventListener 就可以将侦听删除，在编程过程中，已经不用的侦听应及时删除以节省资源。

4.1.3 事件参数

当事件接收对象接收到某个事件后，它就把这个事件对象以参数的形式传递到相应的处理函数中，并调用该函数。事件对象中包含了这个特定事件的所有信息，在事件处理函数中可以利用参数访问这些内容。

在舞台上的一个按钮实例对象 btn 上添加一个鼠标侦听事件，在事件的响应函数中测试事件对象所包含的信息。

```
btn.addEventListener(MouseEvent.CLICK, onClick);
function onClick(e: MouseEvent):void
{
    trace(e); //输出[MouseEvent type="click" bubbles=true cancelable=false eventPhase
            =2 //localX=-1 localY=-7 stageX=278.45 stageY=202.5 relatedObject=
            null //ctrlKey=false altKey=false shiftKey=false buttonDown=false delta=
            0]
    trace(e.target.name);//输出 btn
    trace(e.type); // 输出 click
}
```

以上测试可以看到，e 中包含了很多信息，通过访问这些信息的属性名称来获取。type 属性是每个事件对象所关联的事件类型，以字符串的形式存储。target 属性用于存储对事件目标的引用。currentTarget，eventphase 和 bubbles 都是和 AS 3.0 的事件流机制有关，一般用不到。

4.2 常用内置事件类

AS 3.0 使用单一的事件模式来管理事件，所有的事件都位于 flash.events 包内，其中构建了 20 多个 Event 类的子类，用来管理相关的事件类型。本节将介绍以下常用的事件类型：

- 鼠标事件类：MouseEvent
- 键盘事件类：KeyboardEvent
- 时间事件类：TimerEvent
- 文本事件类：TextEvent
- 帧循环事件：Event.ENTER_FRAME

4.2.1 鼠标事件类

鼠标事件类 MouseEvent 是 Event 类的子类之一，它的常用属性如表 4-1 所示。

表 4-1 鼠标事件类的常用属性

属　性	含　义
localX	鼠标本地 X 坐标
localY	鼠标本地 Y 坐标
stageX	鼠标舞台 X 坐标

（续表）

属　　性	含　　义
stageY	鼠标舞台 Y 坐标
ctrlKey	是否按下了【Ctrl】键
shiftKey	是否按下了【Shift】键

MouseEvent 类中定义了 10 个常量，分别表示 10 种不同的鼠标事件类型，如表 4-2 所示。

表 4-2　鼠标事件类型

鼠标事件类型	含　　义
CLICK	鼠标单击一次
DOUBLE_CLICK	鼠标双击
MOUSE_DOWN	按下鼠标键
MOUSE_MOVE	鼠标指针在物体范围内移动
MOUSE_UP	放开鼠标
MOUSE_OUT	鼠标指针移开物体的范围
MOUSE_OVER	鼠标指针移入物体的范围
MOUSE_WHEEL	当发生鼠标滚轮滚动
ROLL_OUT	当鼠标指针从物体上移除时发生
ROLL_OVER	当鼠标指针移入交互对象上时发生

4.2.2　键盘事件类

键盘事件类 KeyboardEvent 是 Event 类的子类之一，它的常用属性如表 4-3 所示。

表 4-3　键盘事件类的常用属性

属　　性	含　　义
charCode	按键的字符码
keyCode	按键的键值码
ctrlkey	是否按下【Ctrl】键
keyLocation	区分重复键
shiftKey	是否按下了【Shift】键

KeyboardEvent 类定义了两种不同的键盘事件类型：KEY_DOWN 和 KEY_UP。

4.2.3 Timer 类及相关事件

Timer类是AS 3.0中的定时器类，用于在每次达到一定的时间间隔时执行代码。Timer类在flash.events包中。Timer类的对象可以广播和接受两个事件：timer和timerComplete，这两个事件在TimerEvent类中被定义成常量TIMER和TIMER_COMPLETE。表4-4和表4-5列出了Timer类的常用属性和方法。

表4-4 Timer类的常用属性

属 性	含 义
currentCount	计时器当前的计时次数
delay	计时器的延时长度(时间间隔)，单位：ms
repeatCount	被设置的重复运行的次数
running	当前运行状态与否

表4-5 Timer类的常用方法

属 性	含 义
Timer()	创建计时器对象
reset()	计时器复位，currentCount属性被恢复为0
start()	计时器开始计时
stop()	计时器停止计时

4.2.4 TextField 类

TextField类用于创建可视的文本域，舞台上的动态文本框和输入文本框就是TextField类的对象。TextField类的对象上可以接受四个事件：TEXT_INPUT，CHANGE，LINK和SCROLL。

TextField类也包含了众多的属性和方法，最常用的是text属性。

4.2.5 ENTER_FRAME 帧事件

在主时间轴停止播放时，影片中的影片剪辑不会停止播放，这是由帧事件决定的。帧事件触发的频率与Flash影片的帧频一致。

帧事件其实是一个不断执行的程序，执行的速度取决于帧频。比如Flash中默认的帧频是24fps，表示播放24帧需要1s的时间，利用这个原理可以制作由代码生成的动画。

在AS 3.0中，可以像下面这样给帧事件加入一个侦听器：

```
addEventListener(Event.ENTER_FRAME,onEnterFrame);
```

记得在使用侦听器前需要先创建一个名为onEnterFrame的响应函数。

ActionScript 3.0 视觉编程

5.1 显示对象和显示对象容器

除了在 Flash 设计环境中创建图形、影片剪辑、按钮、文本、位图等视觉元素外，还可以用编程的方式动态创建和处理这些元素。这些可视元素通常在 Flash Player 的舞台上显示，称为显示对象(Display Object)。显示对象除了上面所提到的可以直接看到的视觉元素外，也包括不能看见但却真实存在的显示对象容器(Display Object Container)。不管多复杂的视觉图形都是由显示对象和显示对象容器组合而成，显示对象和显示对象容器的。

5.2 显示列表

AS 3.0 中新出现了一种称为“显示列表”的层级结构，用于组织出现在舞台上的所有可视对象。它是一个树状结构，如果说显示对象容器是树枝，那么显示对象就是树叶。树枝可以长出树叶，或是继续分叉，长出新树干。图 5-1 展示的就是一个标准的显示对象等级结构图。

在这个等级结构的最顶层是舞台(stage)，舞台是最根本的容器，包含着当前 SWF 所有的显示对象。舞台又是一种特殊的容器，每个 Flash 应用程序只能有一个舞台容器。舞台是整个树结构的根节点。

舞台的下一级也是一个容器，称为当前 SWF 主类的实例。在 AS 3.0 中，每个 SWF 都和一个 AS 3.0 类相关联，这个类就称为 SWF 的主类。当这个 SWF 设定了文档类(Document Class)，那么文档类就成了主类；如果是由 Flash 生成的且没有指定文档类，则默认的主时间轴(MainTimeline)类就是主类，在时间轴上写代码就是在 MainTimeline 类中写代码，时间轴是随着文档的建立而自动创建的。root 就指向当前 SWF 主类的实例。

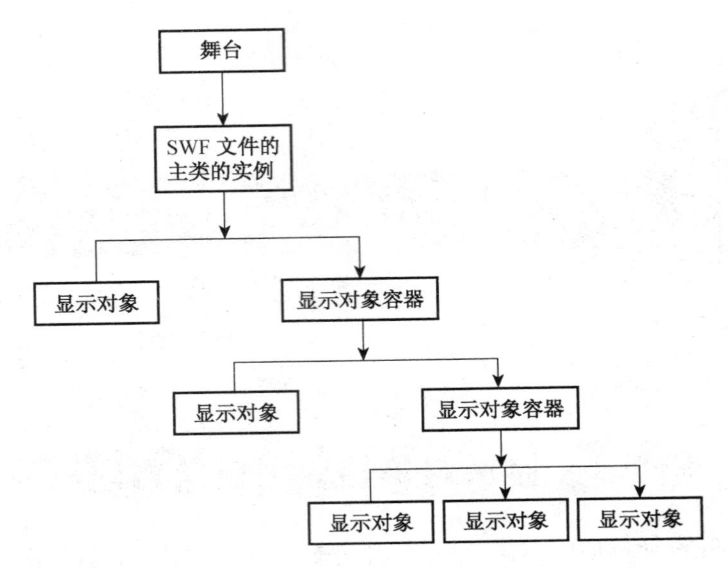

图 5-1　AS 3.0 的显示列表

上面整个树状图就是显示列表的图形表现。显示列表就是一张清单，只有在清单上列出的内容才会在舞台上显示出来，也就是说 Flash 只渲染显示列表存在的内容。

一个程序中的显示对象分为在显示列表中(on-list)的对象和不在显示列表中(off-list)的对象两种。在显示列表中的显示对象会被渲染出现在舞台上；不在显示列表中的显示对象依然存在，只是不被渲染呈现而已。

5.3　显示对象的属性

每个显示对象都有一些共有的特性，这些共有的特性，是指可以被看到的对象所具有的特征和行为。特征，对应显示对象的实例属性；行为，对应显示对象的实例方法。

舞台上的显示对象具有很多自己的属性，一些属性可以通过属性面板、变形面板来设置。常见的显示对象属性有 x、y 坐标、高度、宽度、旋转角度、透明度等，这些属性是既可以获取也可以设置的，如图 5-2 所示。

获取对象实例的属性格式：变量＝对象.属性名 设置对象实例的属性格式：对象.属性名＝值

但是 mouseX 和 mouseY 属性是只读的，只能获取，不能修改。正是这些属性使得我们的影片生动而丰富多彩。

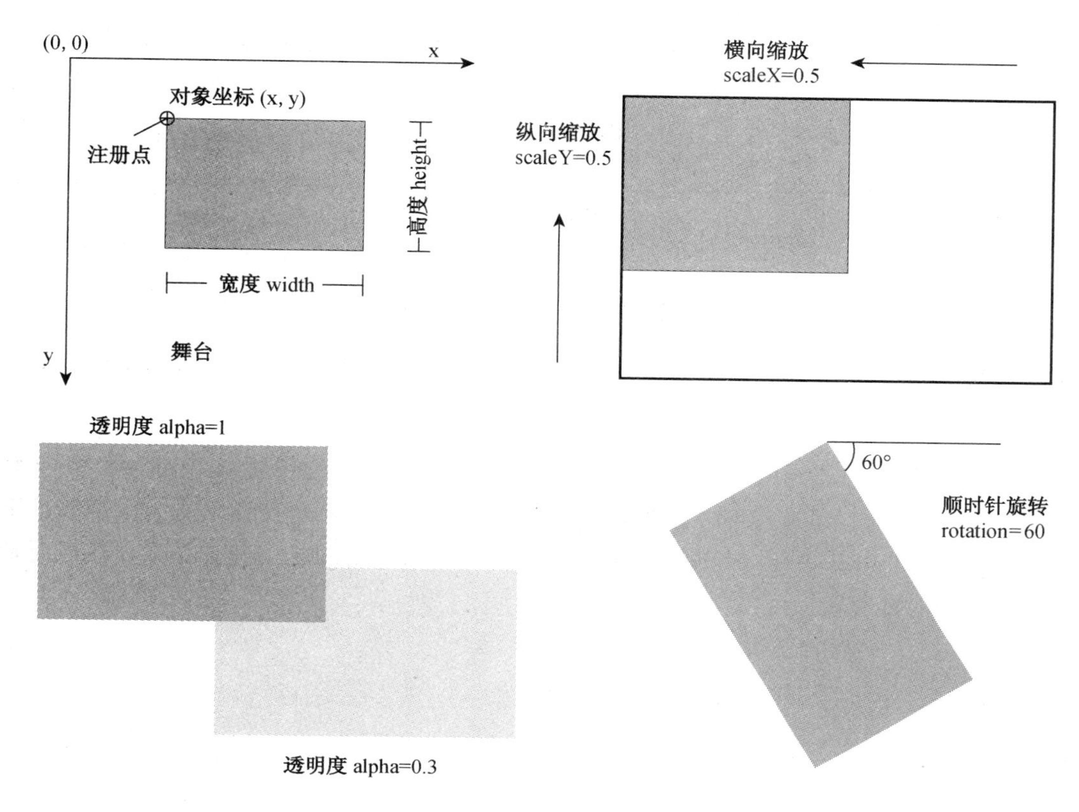

图 5-2　显示对象的常用属性

5.3.1　显示对象的可视属性

表 5-1 列出了上述常用的显示对象实例属性。这些属性都是可视属性，即它们都可以在舞台上显示出来。

表 5-1　显示对象的可视属性

属性名称	实例属性	说　　明	取值范围
横坐标 纵坐标	x y	获取/设置显示对象的横纵坐标值， 单位:像素	数值
横向缩放比例 纵向缩放比例	scaleX scaleY	获取/设置显示对象的 x/y 轴缩放比例， 初始值为 100	数值
透明度	alpha	获取/设置显示对象的透明度	0(完全透明)～ 1(完全不透明)
可见性	visible	获取/设置显示对象的可见性	布尔值 true(可见) false(不可见)

（续表）

属性名称	实例属性	说　　明	取值范围
宽度 高度	width height	获取/设置显示对象的宽/高值， 单位：像素	数值
顺时针旋转角度	rotation	获取/设置显示对象的角度， 单位：度	0～－180(逆) 0～180(顺)
鼠标相对横坐标 鼠标相对纵坐标	mouseX mouseY	当前鼠标相对于显示对象注册点的横/纵向距离，单位：像素，只读	数值

说明：

在 Flash 舞台中，“原点”位于显示对象的左上角，原点左侧的位置，x 坐标为负值，x 轴上的值越往右越大。但是，y 轴上的值是在原点上侧位置的坐标为负值，y 轴上的值越往下越大，如图 5-3 所示。在 Flash 中的角度也是与传统坐标系统相反，角度是沿着 x 轴顺时针旋转为正，逆时针旋转为负。

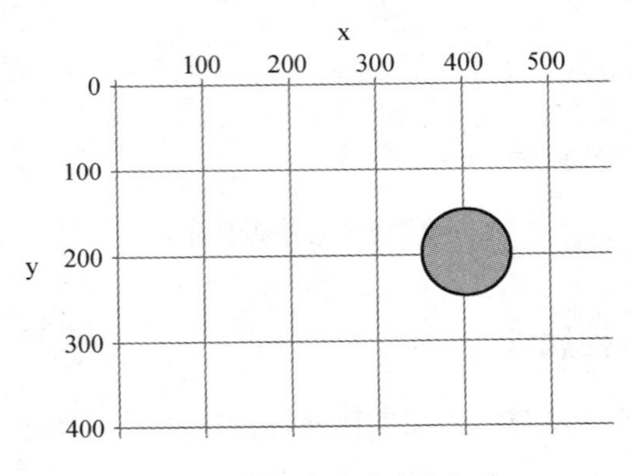

图 5-3　Flash 的舞台坐标系

下面我们先来看一个简单的例子：动态的精美图案。

制作步骤：

(1) 打开 Flash 开发平台，在“文件”菜单中选择“新建”来创建一个新的 Flash ActionScript 3.0 文件并保存为 shape.fla。

(2) 建立一个影片剪辑，命名为“shape”，并绘制静态图案，如图 5-4所示。

(3) 在场景中增加一层代码层，并在该层第 1 帧上添加代码如下：

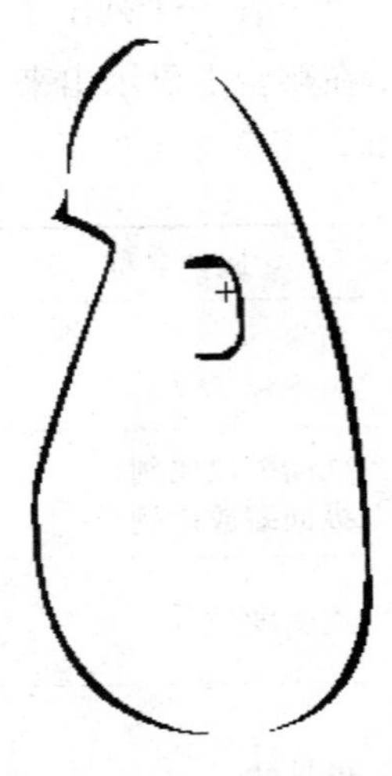

图 5-4　影片剪辑 shape

```
stage.addEventListener(Event.ENTER_FRAME,onRotation);
var i:int = 0;
var degree:int=6;
function onRotation(e:Event)
{
    var shape_mc:Shape = new Shape();
    shape_mc.rotation =degree * i;
    shape_mc.x = 300;
    shape_mc.y = 200;
    addChild(shape_mc);
    i++;
    if (i==360/degree)
    {
        stage.removeEventListener(Event.ENTER_FRAME,onRotation);
    }
}
```

(4) 按【Ctrl+Enter】键，测试结果如图 5-5 所示。

图 5-5　显示效果

📖 **代码说明：**

- 帧事件

事件类型	事件名称
Event	ENTER_FRAME

利用 Flash 不断刷新帧频来循环产生影片剪辑和设定影片剪辑的旋转角度，这时就要用到 ENTER_FRAME 帧事件。

- 利用 rotation 属性，每执行一次帧事件，影片剪辑 shape 就旋转到一个角度，然后

绘制在舞台上。这里设置了一个变量 i，用于动态控制旋转角度值。每次循环变量 i 递增 1，角度旋转增加 6°。通过判断 i 是否等于 60 次（即旋转了 360°）来移除侦听器，停止绘制。

- 在代码中还通过影片剪辑的 x、y 属性控制了其出现在舞台上时的坐标位置，确保可以使图形出现在舞台中心位置。

5.3.2 显示对象的其他属性

显示对象类共有 33 个实例属性，除了上面所列的 11 个可视属性外，还有 5 个常用的非可视属性，见表 5-2。

表 5-2 常用的非可视属性

属性名称	属性含义	说　明
name	实例名称	字符串类型，显示对象的实例名称。一般生成显示对象时，会分配默认的名字。如有需要，可以用代码修改
parent	父级容器或对象	指定或返回一个引用，该引用指向包含当前影片剪辑或对象的影片剪辑或对象
root	根	返回当前 SWF 主类的实例的引用
stage	舞台	指向该显示对象所在的舞台。每个 Flash 程序，只有一个舞台对象
this	当前对象或实例	代表自身，即当前引用对象或影片剪辑实例

5.4 显示对象的操作

5.4.1 添加对象

如果在设计时直接从库中拖出元件到舞台，则这个元件实例就被添加到舞台的根显示列表中。但如果希望通过脚本语言动态地在某个容器中添加一个可视对象，则需要调用容器对象的方法。在 AS 3.0 中创建一个显示对象，不会马上在舞台上显示出来，必须要加入到显示列表中，Flash Player 才会渲染和显示它。加入列表的方法就是 addChild()或 addChildAt()方法。放入显示列表时，显示对象将自动获得从 0 开始的连续的索引号。

addChild()、addChildAt()方法：

- addChild()方法可将指定的物体加入到影片剪辑中。
- addChildAt()方法可将指定的物体加入到影片剪辑中，且可指定加入物体的层级。

语法：

影片剪辑元件 .addChild(物体)；

影片剪辑元件 .addChildAt(物体，层级)

物体：物体变量名称，也就是使用 new 构造函数所创建的实体。

层级：整数，物体所要放置的层级。

下面先来看一个简单的例子：植树造林。例子中通过鼠标点击空地，就会在上面种出一棵棵树。

制作步骤：

(1) 打开 Flash 开发平台，在“文件”菜单中选择“新建”来创建一个新的 Flash ActionScript 3.0 文件并保存为 addChild. fla。

(2) 新建背景图层“bg”，在图层中放入场景动画的基本内容，如图 5-6 所示。

图 5-6　动画背景图

(3) 在库面板的“tree”影片剪辑上单击鼠标右键，在出现的快捷菜单中选择“属性”命令。在“元件属性”对话框中输入类名(本例为“Tree”)，也就是将影片剪辑定义成一个类，如图 5-7 所示。之后，要使用影片剪辑时，可以直接用 new 构造函数创建出影片剪辑实例显示对象。

(4) 新增代码图层“code”，选择第 1 帧，按下快捷键【F9】，打开动作面板。在动作面板中建立动画影片的侦听器，侦听鼠标 CLICK 点击事件，编写对应的侦听函数 copyTree()。

元件属性

名称(N): tree

类型(T): 影片剪辑

确定

取消

编辑(E)

高级

启用 9 切片缩放比例辅助线(G)

ActionScript 链接

为 ActionScript 导出(X)

在第 1 帧中导出

标识符(D):

类(C): Tree

基类(B): flash.display.MovieClip

运行时共享库

为运行时共享导出(O)

为运行时共享导入(M)

URL(U):

创作时共享

与项目共享(H)

源文件(R)... 文件:

元件(S)... 元件名称:

自动更新(A)

图 5-7 设置库元件的链接类

在侦听函数中创建一个 tree 影片剪辑的副本 tree_mc，其位置由鼠标点击位置决定，再利用 addChild()方法将复制的影片剪辑加入到显示列表中。

```
stage.addEventListener(MouseEvent.CLICK,copyTree);
function copyTree(e:MouseEvent)
{
    var tree_mc:Tree = new Tree();
    tree_mc.x = mouseX;
    tree_mc.y = mouseY;
    addChild(tree_mc);
}
```

（5）按【Ctrl＋Enter】键测试效果。单击鼠标键，指针所在位置便会动态地加入复制的tree影片剪辑副本，如图5-8所示。

图5-8 显示效果

5.4.2 移除对象

及时从显示列表中删除不再需要的对象，随着影片的运行，新对象将越来越多，占用的内存空间也会越来越大，最终导致系统运行变慢。当不需要某个显示对象时，可以调用容器对象的removeChild()和removeChildAt()方法将指定的对象从显示列表中移除。

> removeChild()、removeChildAt()方法：
>
> ◆ removeChild()方法可将已加入到影片剪辑中的子元件从容器的显示列表中移除。
>
> ◆ removeChildAt()方法是通过子元件所在层级（即父元件中的子元件索引）来移除。
>
> 语法：
>
> 影片剪辑元件.removeChild(物体)；
>
> 影片剪辑元件.removeChildAt(层级)

接下来将上面的例子改动一下：消失的树。例子中通过鼠标点击一棵树，这棵树就会消失。

制作步骤：

（1）打开 Flash 开发平台，在“文件”菜单中选择“新建”来创建一个新的 Flash ActionScript 3.0 文件并保存为 removeChild.fla。

（2）新建背景图层“bg”，在图层中放入场景动画的基本内容，如图 5-9 所示。

图 5-9　动画背景图

（3）点击舞台上每棵树的影片剪辑，分别在属性面板的实例名称里命名为：mcTree_1、mcTree_2、mcTree_3、mcTree_4、mcTree_5，如图 5-10 所示。

图 5-10　影片剪辑的实例名称

（4）新增代码图层“code”，选择第 1 帧，按下快捷键【F9】，打开动作面板。

```
var totalTree:int = 5;
stage.addEventListener(MouseEvent.CLICK,delTree);
function delTree(e:MouseEvent)
{
    for (var i = 1; i<=totalTree; i++)
```

```
{
        var kMC = this["mcTree_" + i];
        if (kMC.hitTestPoint(mouseX,mouseY,true))
        {
            removeChild(kMC);
        }
    }
}
```

(5) 按【Ctrl+Enter】键测试效果。动画中在树上单击鼠标键，树便会消失，如图5-11所示。

图 5-11 显示效果

知识扩展：

碰撞检测

在 ActionScript 3.0 中，只要是显示对象都可以使用如下两种方法进行碰撞检测。

(1) hitTestPoint (x,y,shapeFlag) 方法：用来检测一个指定的点是否碰撞到一个显示对象。

这种方法有两个数值参数和一个可选参数。使用两个数值参数来定义一个点。设置 shapeFlag 意味着碰撞测试将检查是否碰到了可视图形(true)，而不是边界盒(false)。

此代码中需要判断鼠标这个点是否与树显示对象发生碰撞，因此采用 hitTestPoint (x,y,shapeFlag) 方法。

```
kMC.hitTestPoint(mouseX,mouseY,true)
```

(2) hitTestObject (displayObject)方法:用于测试一个显示对象是否碰撞到另外一个。

代码说明:

(1) this["mcTree_"+i]用于获取具有规律的实例名称的实例对象,引号中放入的是名称中共有的部分,i 是用于指代每个实例对象的序号,这里 i 是从 1 到 5。

(2) if 语句用于判断一个条件,如果满足该条件,则执行 if 的代码块。

```
if (kMC.hitTestPoint(mouseX,mouseY,true))
{
    removeChild(kMC);
}
```

此代码就是用 if 语句判断鼠标有没有与 5 棵树中的某棵树发生碰撞,如果碰撞了,则移除该树。

(3) for(var i=1;i<=totalTree;i++)

此代码中用到了 for 循环语句,主要起到每次鼠标点击的时候,都要判断一次所有树是否和鼠标碰撞了。

5.4.3 改变对象的层次

AS 3.0 使用索引机制管理显示列表中各对象的深度,索引值从 0 开始,数值越大越靠前,索引为 0 的对象显示在最低层。这个深度决定了对象的显示层次。

> 影片剪辑元件.getChildAt(层级索引);取得显示列表中的元素
>
> 影片剪辑元件.getChildIndex(子元件);取得对象的索引号
>
> 影片剪辑元件.swapChildren(子元件 1,子元件 2);
>
> 影片剪辑元件.swapChildrenAt(层级索引 1,层级索引 2);
>
> 子元件:显示对象;
> 层级索引:整数。
> 物体:物体变量名称,也就是使用 new 构造函数所创建的实体。
> 层级:整数,物体所要放置的层级。
>
> ◆ getChildAt ()方法会按照指定的层级返回影片剪辑中的子元件实例;getChildIndex()方法则会返回影片剪辑中指定子元件的层级索引。
>
> ◆ swapChildren()、swapChildrenAt()方法都可以用于交换影片剪辑中子元件的层级。不同的是 swapChildren()是以子元件为参数;而 swapChildrenAt()则是以子元件所在位置的层级索引为参数。这两个方法经常在游戏中用到,改变两个元素之间的遮挡关系

下面来看一个例子,把以上所学的内容都在这个例子中练习一遍。

(1) 打开 Flash 开发平台,在"文件"菜单中选择"新建"来创建一个新的 Flash

ActionScript 3.0 文件并保存为 ball. fla。

(2) 点击主菜单“插入”→“新建元件”，弹出对话框，命名为“ball”，元件类型选择“影片剪辑”。

(3) 在影片剪辑的窗口中用工具面板中的“绘制椭圆”，画出如下图形，并在图形上绘制一个名为“txtNum”的动态文本框，如图 5-12 所示。

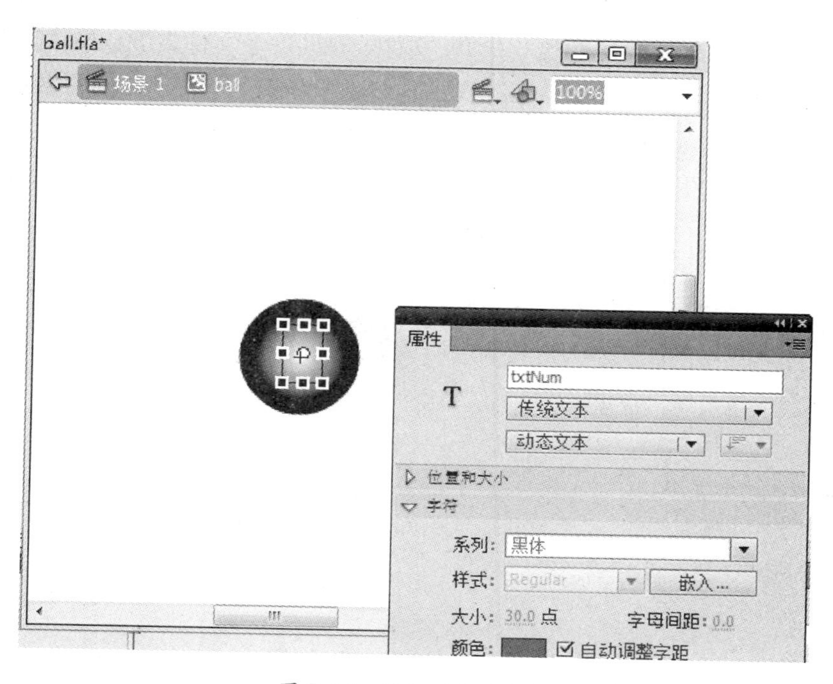

图 5-12　添加动态文本框

(4) 在库面板的“ball”影片剪辑上单击鼠标右键，在出现的快捷菜单中选择“属性”命令。在“元件属性”对话框中输入类名“Ball”。

(5) 代码直接写在时间轴第 1 帧，按下快捷键【F9】，打开动作面板。

```
var ball0:Ball = new Ball(0);
var ball1:Ball = new Ball(1);
var ball2:Ball = new Ball(2);
ball0.name="mcBall_0"
ball0.x = 200;
ball0.y = 200;
addChild(ball0);
ball1.name="mcBall_1"
ball1.x = 250;
ball1.y = 240;
addChild(ball1);
```

```
ball2.name= "mcBall_2"
ball2.x = 250;
ball2.y = 180;
addChild(ball2);
```

（6）选择“文件”→“新建”→“ ActionScript3.0 类”来创建外部 ActionScript 文件。类名称命名为 Ball。将 Ball.as 文件和 ball.flv 文件放在同一个文件夹下。Ball 类用来创建球体，它的外观由影片剪辑 ball 提供。Ball 类的构造函数中有一个 int 类型的参数，用来控制文本框中显示的数字。这个数字其实隐含的意思是显示出 ball 显示对象添加到显示对象容器列表中的等级（索引）。例子中显示列表中有 3 个显示对象，则索引号参数为 0～2 。

```
package
{
    import flash.text.TextField;
    import flash.display.Sprite;
    public class Ball extends Sprite
    {
        public function Ball(num:int)
        {
            txtNum.text = num.toString();
        }
    }
}
```

（7）运行程序，结果如图 5-13 所示。可以看到，先添加的显示对象在显示列表中的深度越深，数值越大显示越靠前。

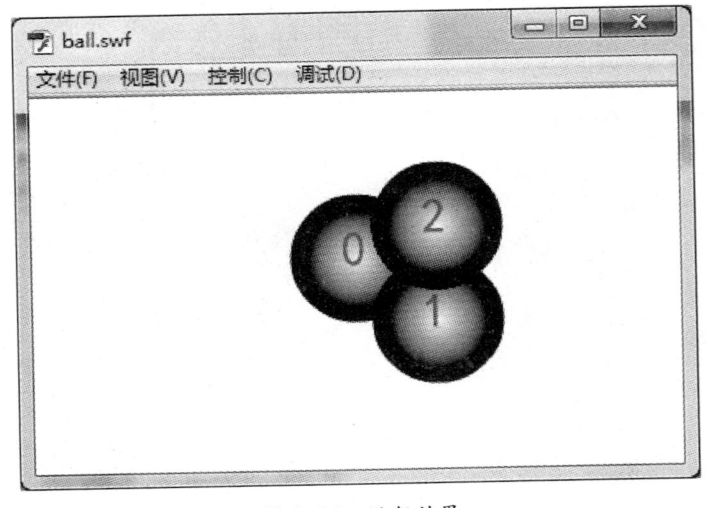

图 5-13　运行效果

下面来应用其他控制影片剪辑子元件层级的方法简单地修改一下程序，看看运行结果有什么不同，如图 5-14—图 5-18 所示。

（1）将 ball.fla 文件中最后一行代码改为

```
addChildAt(ball2,1);
```

图 5-14　运行效果

（2）在 ball.fla 文件中最后一行代码后添加一行代码：

```
removeChild(ball1);
```

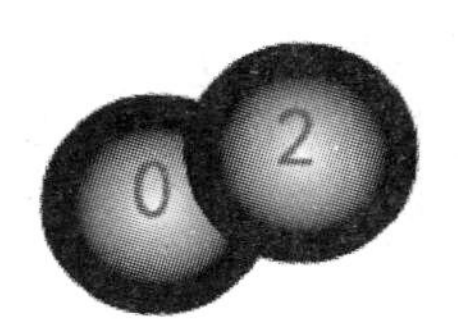

图 5-15　运行效果

（3）在 ball.fla 文件中最后一行代码后添加一行代码：

```
removeChildAt(1);
```

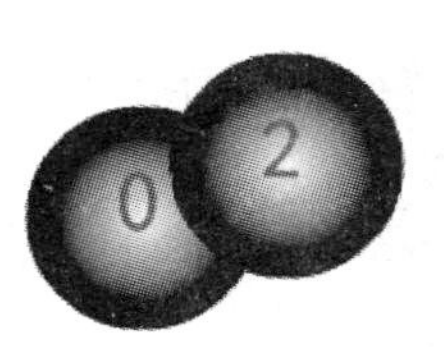

图 5-16　运行效果

（4）在 ball.fla 文件中最后一行代码后添加三行代码：

```
trace(getChildAt(0).name, getChildAt(1).name,getChildIndex(ball1));
removeChild(ball0);
trace(getChildAt(0).name, getChildAt(1).name,getChildIndex(ball1));
```

（5）将 ball.fla 文件中最后一行代码改为

输出

```
mcBall_0 mcBall_1 1
mcBall_1 mcBall_2 0
```

图 5-17 运行效果

```
swapChildren(ball0,ball2);
```

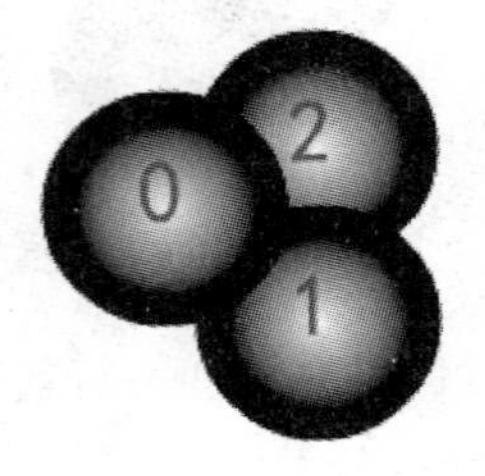

图 5-18 运行效果

通过上面例子，可以知道在 ActionScript 3.0 中，只有显示对象容器才拥有管理子对象的方法，显示对象没有管理子对象的方法。父容器可以通过 getChild()、getChildAt()等方法访问到每一个子对象。

5.5 渲 染

5.5.1 颜色

Flash 使用 RGB 颜色模型，每一种颜色都由红(R)、绿(G)、蓝(B)构成。Flash 中，颜色被指定为数字，颜色由 3 个字节组成，每一个字节用 8 个二进制位表示，3 个字节共计 24 位。这样 R、G、B 的值都在 0～255 之间变化。因此，24 个二进制位可以表示近似 1 680 万种可能的颜色。AS 3.0 中颜色值总是以无符号 32 位整数数据类型 uint 来存储，颜色值使用十六进制形式来表示：0xRRGGBB。

除了上述 24 位色表示，还有 32 位色表示，增加了 8 位用来指定透明度。颜色值用十六进制形式来表示 32 位的格式为 0xAARRGGBB，AA 代表透明度 Alpha。

5.5.2 矢量图

矢量图是根据几何特性来绘制图形，矢量可以是一个点或一条线，特点是放大后图像不会失真，和分辨率无关。Shape 类专门用来绘制简单的矢量图。复杂的矢量图由很多简单的矢量图形构成。要绘制复杂的矢量图，往往需要绘制许多 Shape 对象，或还需要容纳其他

显示对象时，Shape 就不能够满足需要了，可以使用 Sprite 或 MovieClip 容器来管理。Shape 是显示对象，但并不是容器。

在 AS 3.0 中，所有矢量图形的绘制都是由 Graphics 类对象来完成的。Graphics 并不是显示对象类，使用时不能直接创建 Graphics 类的对象，没有办法调用它的构造函数。Shape、Sprite、MovieClip 显示对象中都含有 Graphics 对象，因此，绘制矢量图可以通过这些显示对象创建并调用。Graphics 对象含有绘图的一系列 API（Application Program Interface，应用程序接口），可以用来创建矢量图形的方法和属性，如表 5-3 所示。

表 5-3 Drawing API

分　类	方 法 名	含　义
设置样式	lineStyle(width,color,alpha)	指定线条样式
	lineGradientStyle(type,color,...)	指定线条样式的渐变
	beginFill(color,alpha)	指定单一颜色填充
	endFill()	应用填充
	beginGradientFill(type,color,...)	指定渐变填充
	beginBitmapFill(bitmap,matrix,...)	指定位图填充
确定绘制位置	moveTo(x,y)	将当前绘画位置移动到指定点； 不指定 moveTo，则从（0,0）点开始绘制
绘制线条/图形	lineTo(x,y)	用当前指定的线条样式绘制直线
	curveTo(x1,y1,x2,y2)	用当前指定的线条样式绘制曲线
	drawCircle(x,y,radius)	绘制圆
	drawEllipse(x,y,width,height)	绘制椭圆
	drawRect(x,y,width,height)	绘制矩形
清除图形	clear()	清除之前绘制的图形

绘制 API 是指通过脚本语言来绘制各种图形，如直线、曲线、形状及填充，也可以绘制各种渐变效果的图形。

```
var myShape:Shape = new Shape ();
myShape.graphics.lineTo(100,100);
```

绘制过程大体是：设置绘图样式→填色→确定绘图位置→绘制线条/图形→结束填色。设置绘图样式和填色都是可以选择的，根据需求取舍，但是绘制顺序不能乱。在绘图之前，通常先调用 clear()方法清除之前绘制的图形。

下面的代码是使用绘图 API 画了一个带有填充颜色的三角形。

```
var triangle:Shape=new Shape();
triangle.graphics.clear();
triangle.graphics.lineStyle(2,0x000000,1);
triangle.graphics.moveTo(200,200);
triangle.graphics.beginFill(0xff0000)
triangle.graphics.lineTo(400,200);
triangle.graphics.lineTo(400,300);
triangle.graphics.lineTo(200,200);
triangle.graphics.endFill();
addChild(triangle);
```

5.5.3 位图

位图又称光栅图，是由许多像小方块一样的像素组成的图像。当放大位图许多倍时，会看到一块一块的像素色块，图像会失真。AS 3.0 支持 GIF、JPEG、PNG 三种格式的位图，对于使用 GIF、PNG 格式的位图需要对每个像素增加一个字节，即 Alpha 通道，表示像素的透明度值。

AS 3.0 中的 Bitmap 类对象代表了位图，而位图所有的像素信息存储在 Bitmap 对象的 bitmapData 属性持有的 BitmapData 对象中。BitmapData 对象并不是显示对象。可以把 BitmapData 对象看成一个特殊的数组，专门用来存储位图的像素点阵信息。

1. 使用构造函数 BitmapData()创建位图

new BitmapData（width: Number, height: Number, transparent: Boolean, fillColor: Number）

其中，width 和 height 表示新建位图的宽和高；transparent 表示位图是否支持每个像素包含不同的透明度。transparent 值为真，位图使用 32 位色创建，即 0xAARRGGBB 的颜色格式；如果为假，则表示不透明，使用 24 色创建位图，即 0xRRGGBB 的颜色格式。fillColor 表示图像创建的初始颜色。

```
var myBitmapData:BitmapData=new BitmapData(100,100,false,0xff0000);
var myBitmap:Bitmap=new Bitmap(myBitmapData);
addChild(myBitmap);
```

2. 使用 Loader 类对象导入位图

使用 Loader 类对象导入外部图像，又是另外一种方法。

```
var loader:Loader=new Loader();
addChild(loader);
loader.load(new URLRequest("pic.jpg"));
```

5.5.4 滤镜

滤镜是施加于一些位图的效果，可以应用于任何显示对象。在 Flash IDE 中可以通过滤镜面板或使用 AS 3.0 来创建滤镜，在 AS 3.0 中包括以下 9 种滤镜：

(1) Drop shadow(投影滤镜)；

(2) Blur(模糊滤镜)；

(3) Glow(发光滤镜)；

(4) Bevel(斜角滤镜)；

(5) Gradient bevel(渐变斜角滤镜)；

(6) Gradient glow(渐变发光滤镜)；

(7) Color matrix(颜色矩阵滤镜)；

(8) Convolution(卷积滤镜)；

(9) Displacement map(置换图滤镜)。

虽然不能一一介绍每种滤镜的使用细节，但可以通过帮助文档来学习，这里只介绍滤镜使用的总体方法。

滤镜通过使用构造函数和滤镜名称并传入所需的参数来创建。例如，创建一个 blurfilter(模糊滤镜)，最简朴的一种滤镜，构造函数为 BlurFilter(blurX, blurY, quality)。下面的代码创建了一个 x 和 y 轴上模糊 5 个像素，模糊品质为中等的滤镜：

```
var blur:BlurFilter=new BlurFilter(5,5,3);
```

滤镜在 flash.filters 包中，所以要在文件的开始处将它们导入进来：

```
import flash.filters.BlurFilter;
```

如果希望导入包中所有的滤镜，可以使用简写：

```
import flash.filters.*;
```

现在，可以直接创建任何类型的滤镜了，但是一般来说，除非要使用这个包中的大部分滤镜，否则最好避免使用通配符(*)，而是明确地导入所需要的类。这样做只是为了能够清楚，哪些是真正想要导入的而哪些不是。

通过这种方法可以创建任何类型的滤镜。在得到所创建的滤镜后，如何将它应用到特定的对象上呢？任何显示对象都有一个名为 filters 的属性，它是一个包括了应用到对象上的所有滤镜的数组，因为任何对象都可以应用多个滤镜，那么只需要将创建的具体滤镜加入到数组中即可，请见以下代码：

```
var rect:Sprite=new Sprite();
rect.graphics.clear();
rect.graphics.lineStyle(2,0x000000,1);
rect.graphics.beginFill(0xff0000);
```

```
rect.graphics.drawRect(200,150,200,100);
rect.graphics.endFill();
addChild(rect);
var blur:BlurFilter = new BlurFilter(5,5,3);
var myFilters:Array = new Array(blur);
rect.filters = myFilters;
```

后三行代码可简写成：

```
rect.filters = [new BlurFilter(5, 5, 3)];
```

第6章 鼠标的交互

6.1 鼠标事件

MouseEvent 就是鼠标事件，Sprite、MovieClip、SimpleButton(元件按钮)、Button(组件按钮)都可以加鼠标事件侦听，当然不止这一些。

MouseEvent. CLICK 实际上是一个常量，代表"click"这个字符串，从字面上就可以理解为单击的意思，通常这些事件都可以按字面理解。

利用鼠标可以和显示对象做些什么样的交互呢？点击、移动和拖动。

鼠标点击在 AS 3.0 中有四种事件，单击事件 MouseEvent. CLICK，双击事件 MouseEvent. DOUBLE_CLICK，单击事件和双击事件都与鼠标按下和松开有关，就有 MouseEvent. MOUSE_DOWN(鼠标按下事件)和 MouseEvent. MOUSE_UP(鼠标按键松开事件)。

鼠标移动事件是 MouseEvent. MOUSE_MOVE。

鼠标拖动过程是先按下鼠标，然后移动，最后松开鼠标，这就是鼠标点击和移动事件的合成事件。完成拖动操作有两种方法，方法一：使用 MouseEvent. MOUSE_DOWN 和 MouseEvent. MOUSE_UP 配合 MouseEvent. MOUSE_MOVE 完成；方法二：采用 MouseEvent. MOUSE_DOWN 和 MouseEvent. MOUSE_UP 配合 startDrag()和 stopDrag()完成。所有的 Sprite 类和 MovieClip 类都内置有方法 startDrag()和 stopDrag()。

在 mouseDown 处理中，调用 startDrag()；在 mouseUp 处理中，调用 stopDrag()。

startDrag 函数一次只能拖动一个影片剪辑。执行 startDrag()操作后，影片剪辑将保持可拖动状态，直到用 stopDrag()实现停止拖动影片为止，或直到对其他影片剪辑调用了 startDrag()动作为止。

如果想限制拖动的矩形区域，可以设置 startDrag 函数中的拖拽区域参数，通过创建一个矩形类的实例对象来实现此功能，在创建 Rectangle 对象时，需要导入 flash. geom. Rectangle 类包。

影片剪辑. startDrag(锁定中心区域，拖拽区域)；

例如，mc. startDrag(false, new Rectangle(100, 100, 300, 300))；

第一个参数值为 true，则拖动对象时鼠标的位置会自动移动到该对象的内部注册点；值为 false，则鼠标位置为点击拖动对象时的鼠标位置。

第二个参数设定了拖动对象时的范围，如果没有第二个参数，则对象可被拖动到任意位置。第二个参数要求是 Rectangle 类型，其中有四个参数，分别为 x 坐标，y 坐标，移动对象的水平像素量，移动对象的纵向像素量。

第二个参数也可以通过设置一个 Rectangle 类型的实例对象来表示，如下：

var rect:Rectangle = new Rectangle(−550,0,550,0)；

mc. startDrag(false,rect)；

6.1.1 鼠标点击实例

项目名称：爬行的甲壳虫。运行效果如图 6-1 所示。

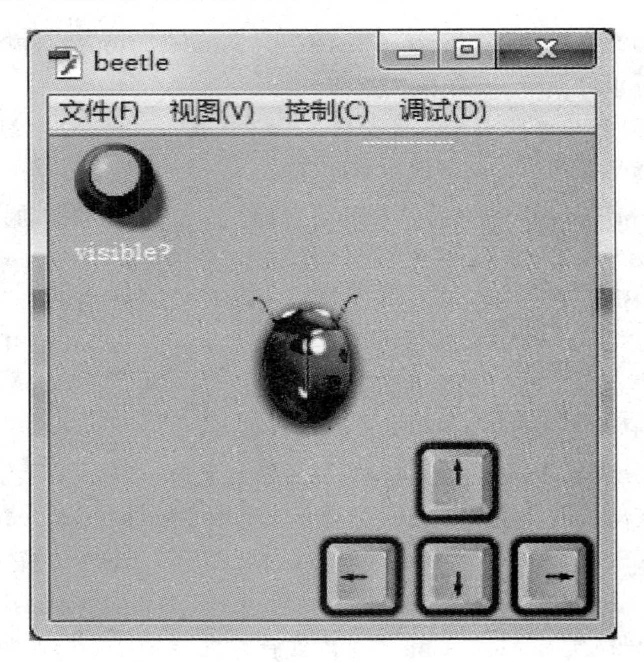

图 6-1　运行效果

设计要求：通过舞台右下角的上下左右按钮控制甲壳虫的运动；通过左上角按钮控制甲壳虫显示和消失。

制作步骤：

(1) 打开 bettle. fla 文件，文件中已经设计好了舞台效果。将库中名为 beetle 的甲壳虫影片剪辑添加到舞台中心位置，实例名称命名为 beetle_mc。

(2) 为舞台上的每个按钮实例对象命名。分别为向上按钮：up_btn；向下按钮：down_btn；向左按钮：left_btn；向右按钮：right_btn；显示按钮：visibility_btn。

（3）在代码层的第 1 帧添加代码。使用鼠标单击事件 MouseEvent. CLICK 实现。向上按钮的单击代码：

```
var speed:Number = 5;
up_btn.addEventListener(MouseEvent.CLICK,onClick);
functiononClick (e:MouseEvent):void
{
        beetle_mc.rotation = 0;
        beetle_mc.y + = - speed;
}
```

我们发现，点击按钮一次，甲壳虫往前爬行一段距离。必须松开按键，再次单击，甲壳虫才能继续爬行。现在要想实现甲壳虫的连续爬行，也就是一直按着按键，甲壳虫就一直往前爬，放开按键时，甲壳虫停止爬行。这就需要 MouseEvent. MOUSE_DOWN 和 MouseEvent. MOUSE_UP 配合 Event. ENTER_FRAME 来完成。在按下鼠标的时候，甲壳虫通过帧事件一直运动；在松开鼠标的时候，移除帧事件，甲壳虫停止运动。

```
var speed:Number = 5;
up_btn.addEventListener(MouseEvent.MOUSE_DOWN,onMouseDown);
functiononMouseDown (e: MouseEvent):void
{
        beetle_mc.rotation =0;
        beetle_mc.addEventListener(Event.ENTER_FRAME,onRun);
}
function onRun (e:Event)
{
        beetle_mc.y+= - speed;
        up_btn.addEventListener(MouseEvent.MOUSE_UP,onMouseUp);
}
functionon MouseUp (e: MouseEvent):void
{
        beetle_mc.removeEventListener(Event.ENTER_FRAME, onRun);
}
```

运行效果很好，可以仿照 up_btn 完成其他三个方向的按钮控制。

```
var speed:Number = 5;
up_btn.addEventListener(MouseEvent.MOUSE_DOWN,onMouseDown1);
down_btn.addEventListener(MouseEvent.MOUSE_DOWN,onMouseDown2);
left_btn.addEventListener(MouseEvent.MOUSE_DOWN,onMouseDown3);
```

```
right_btn.addEventListener(MouseEvent.MOUSE_DOWN,onMouseDown4);
functionon MouseDown1 (e: MouseEvent):void
{
        beetle_mc.rotation =0;
        beetle_mc.addEventListener(Event.ENTER_FRAME,onRun1);
}
functionon Run1 (e:Event)
{
        beetle_mc.y+ = - speed;
        up_btn.addEventListener(MouseEvent.MOUSE_UP,onMouseUp1);
}
functionon MouseUp1 (e: MouseEvent):void
{
        beetle_mc.removeEventListener(Event.ENTER_FRAME, onRun1);
}
functionon MouseDown2 (e: MouseEvent):void
{
        beetle_mc.rotation =180;
        beetle_mc.addEventListener(Event.ENTER_FRAME,onRun2);
}
functionon Run2 (e:Event)
{
        beetle_mc.y+ = speed;
        down_btn.addEventListener(MouseEvent.MOUSE_UP,onMouseUp2);
}
functionon MouseUp2 (e: MouseEvent):void
{
        beetle_mc.removeEventListener(Event.ENTER_FRAME, onRun2);
}
functionon MouseDown3 (e: MouseEvent):void
{
        beetle_mc.rotation =-90;
        beetle_mc.addEventListener(Event.ENTER_FRAME,onRun3);
}
functionon Run3 (e:Event)
{
        beetle_mc.x += - speed;
        left_btn.addEventListener(MouseEvent.MOUSE_UP, onMouseUp3);
```

```
}
functionon MouseUp3 (e: MouseEvent):void
{
        beetle_mc.removeEventListener(Event.ENTER_FRAME, onRun3);
}
functionon MouseDown4 (e: MouseEvent):void
{
        beetle_mc.rotation =90;
        beetle_mc.addEventListener(Event.ENTER_FRAME,onRun4);
}
functionon Run4 (e:Event)
{
        beetle_mc.x + = speed;
        right_btn.addEventListener(MouseEvent.MOUSE_UP, onMouseUp4);
}
functionon MouseUp4 (e: MouseEvent):void
{
        beetle_mc.removeEventListener(Event.ENTER_FRAME, onRun4);
}
```

以上每完成一个按钮就有15行代码，重复完成其他3个按键，总共45行代码。那么能否将代码进行一定的简化呢？

首先，是否可以用一个函数完成四个按键被鼠标按下时的功能判断？判断是哪个按键被按下，可以用e.target来指代按钮对象。如果e.target是up_btn，那么就执行向上按钮的响应代码。用if语言描述如下：

```
if (e.target = = up_btn){
    //向上按钮的响应代码
}
```

这样，四个按钮就有4条if语句，更为方便的是采用如下switch语句：

```
switch (e.target)
  {
    case up_btn :
        //向上按钮的响应代码
        break;
    case down_btn :
        //向下按钮的响应代码
        break;
```

```
        case left_btn :
            //向左按钮的响应代码
            break;
        case right_btn :
            //向右按钮的响应代码
            break;
        default :
}
```

其次，是否可以将四个方向的运动公式进行合并？

向上运动：beetle_mc.y += -speed;
向下运动：beetle_mc.y += speed;
向左运动：beetle_mc.x += -speed;
向右运动：beetle_mc.x += speed;

把甲壳虫四个方向的运动公式合并成 x 和 y 方向上的运动公式，再设定两个变量 vx 和 vy 如下：

```
beetle_mc.y += vy;
beetle_mc.x += vx;
```

vx 和 vy，根据按钮来判断 speed 是正方向还是反方向：

向上运动：vy= -speed;
向下运动：vy= speed;
向左运动：vx= -speed;
向右运动：vx= speed;

程序可以继续简化如下：

```
var speed:Number = 5;
var vx:Number = 0;
var vy:Number = 0;
addEventListener(MouseEvent.MOUSE_DOWN,onMouseDownHandler);
function onMouseDownHandler(e: MouseEvent):void
{
    beetle_mc.addEventListener(Event.ENTER_FRAME, onRun);
    switch (e.target)
    {
        case up_btn :
        beetle_mc.rotation = 0;
        vy = -speed;
        break;
        case down_btn :
```

```
            beetle_mc.rotation = 180;
            vy = speed;
            break;
        case left_btn :
            beetle_mc.rotation = -90;
            vx = - speed;
            break;
        case right_btn :
            beetle_mc.rotation = 90;
            vx = speed;
            break;
        default :
    }
}
function onRun(e:Event)
{
    beetle_mc.x += vx;
    beetle_mc.y += vy;
    addEventListener(MouseEvent.MOUSE_UP, onMouseUpHandler);
}
function onMouseUpHandler(e: MouseEvent):void
{
    vx = 0;
    vy = 0;
    beetle_mc.removeEventListener(Event.ENTER_FRAME,onRun);
}
```

对于显示按钮 visibility_btn 的控制是点击一次按钮，甲壳虫显示，再点击一次按钮，甲壳虫消失。每次点击采用 MouseEvent. CLICK 事件。显示 visible 属性值只能是 true 和 false，取反运算符“!”可以改变属性值，将 true 变为 false，或将 false 变为 true。在上面程序中加入：

```
visibility_btn.addEventListener(MouseEvent.CLICK, onMouseDownHandler);
```

在 Switch 语句中增加：

```
case visibility_btn :
    beetle_mc.visible = ! beetle_mc.visible;
    break;
```

6.1.2 鼠标移动实例

项目 1:一个简单的鼠标跟随动画。运行效果如图 6-2 所示。

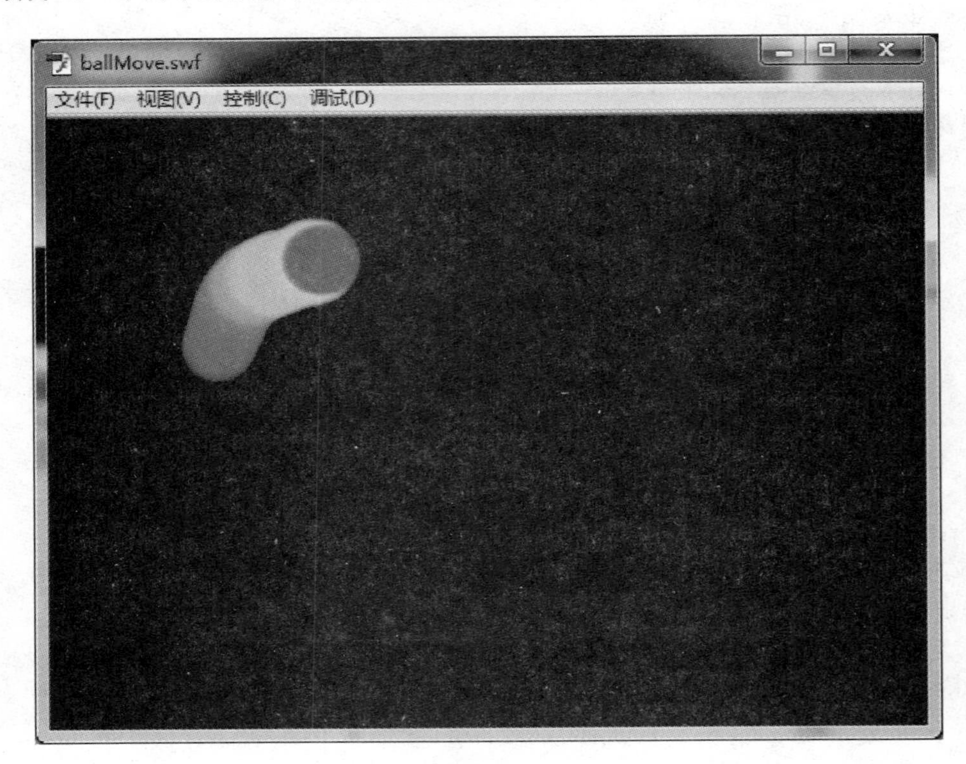

图 6-2 运行效果

项目功能:当鼠标移动时,有一个指定的动画片段能跟随鼠标移动。

项目分析:做一个简单的动画片段是比较容易的,但如何实现让这段动画跟随鼠标呢?用 Flash 提供的鼠标事件和鼠标指针的属性 mouseX 和 mouseY。当鼠标移动时触发响应事件,该事件处理过程就是将实时变化的鼠标指针位置坐标值传递给这个动画位置坐标,让动画能够随着鼠标指针的移动而移动。

制作步骤:

具体制作分为两个部分:设计制作一段小动画;添加动画跟随鼠标的代码。

(1) 打开 ballMove. fla 文件,里面已经提供了一个位图素材 redball。

(2) 点击主菜单“插入”→“新建元件”,弹出对话框,命名为“ball”,元件类型选择“影片剪辑”。在影片剪辑中利用传统补间制作一个颜色不断变化的彩球动画,如图 6-3 所示。

(3) 在库面板中,鼠标右击影片剪辑 ball,在弹出的快捷菜单中选择“属性”,勾选“为 ActionScript 导出”复选框,同时激活“类”和“基类”选项,完成类和基类的全路径名自动填写。将自动创建的首字母小写类名“ball”改写为首字母大写的“Ball”,如图 6-4 所示。

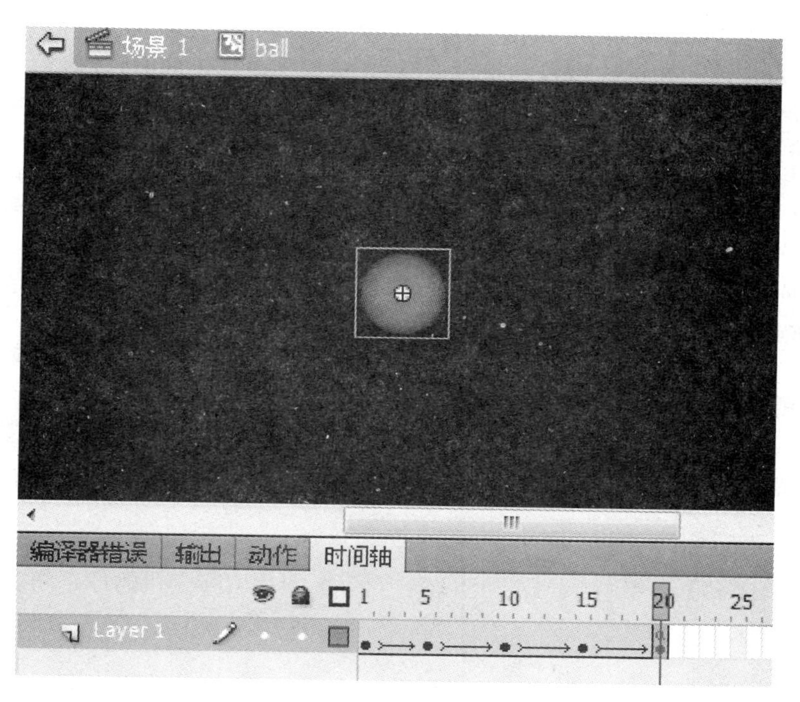

图 6-3　时间轴动画

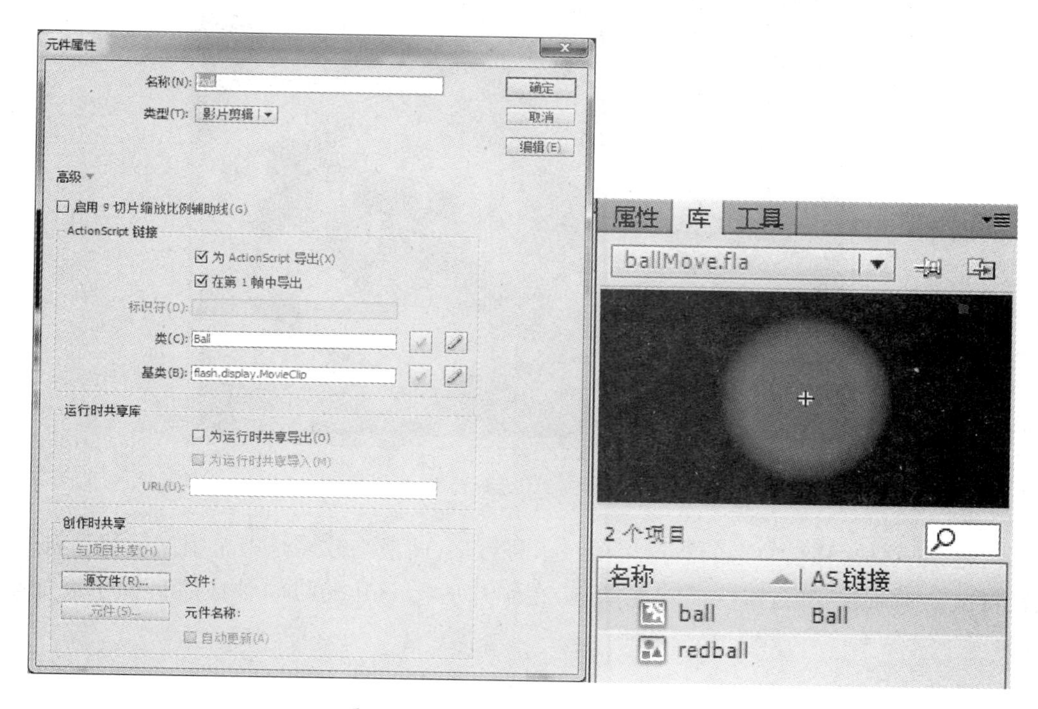

图 6-4　设置库元件 ball 的链接类

(4) 在主场景的时间轴上增加一层,命名为“code”。再选中 code 层上的第一帧,打开动作窗口,或者直接按快捷键【F9】打开动作窗口,在窗口中添加下面的代码:

```
var ball_mc:Ball = new Ball();//创建一个 Ball 类的实例对象 ball_mc
addChild(ball_mc) //将实例对象 ball_mc 添加到舞台上
stage.addEventListener(MouseEvent.MOUSE_MOVE,onTraceObj); //创建鼠标移动事件侦听器
/*下面是事件的响应函数 onTraceObj,其中两条语句的功能是让彩球“ball_mc”x、y 坐标随着鼠标指针当前移动到的位置坐标(mouseX,mouseY)变化而变化*/
function onTraceObj(e:MouseEvent)
{
    ball_mc.x = mouseX;//影片剪辑“ball_mc”的 x 坐标设置为鼠标指针当前的 x 坐标值。
    ball_mc.y = mouseY; //影片剪辑“ball_mc”的 y 坐标设置为鼠标指针当前的 y 坐标值。
}
```

(5) 按【Ctrl+Enter】键测试效果,可以看到一个颜色不断变化的球跟随着鼠标运动,如图 6-5 所示。

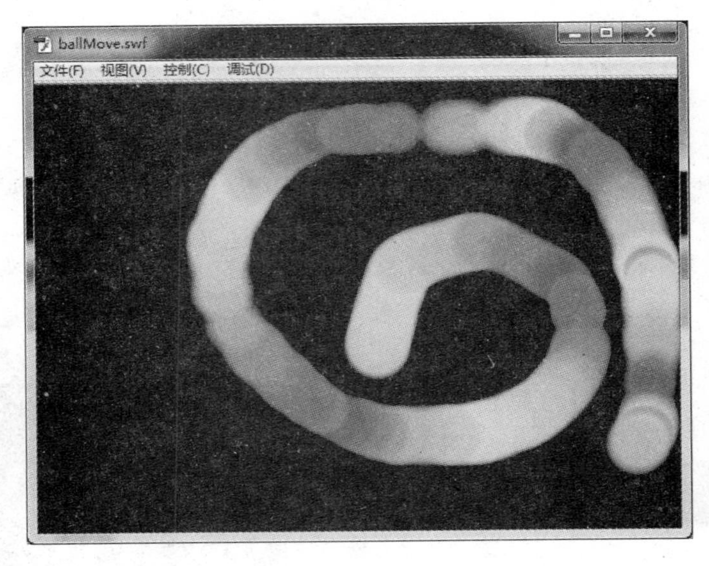

图 6-5　运行效果

但是跟随鼠标移动轨迹的彩球都留在了舞台上,而最终效果是不希望保留移动轨迹,因此在每次动画播放完后,需要删除此动画,在影片剪辑 ball 的时间轴最后一帧中添加如下代码:

```
stop();//停止影片剪辑的播放
parent.removeChild(this);//从父级中删除此实例对象
```

注意：

库中的影片剪辑名称 ball 与舞台中的影片剪辑实例名 ball_mc 是不同的，库中的名称是表示素材的名称，而舞台中的实例名是库中素材在舞台上的复制品(也称为实例或对象)，库中的同一个素材，在舞台上可以有多个不同的实例，每个实例有不同的实例名。如果需要在舞台上显示多个 Ball 类的实例，还可以继续创建 ball_mc2、ball_mc3、. . . 。

项目 2:旋转的彩星。运行效果如图 6-6 所示。

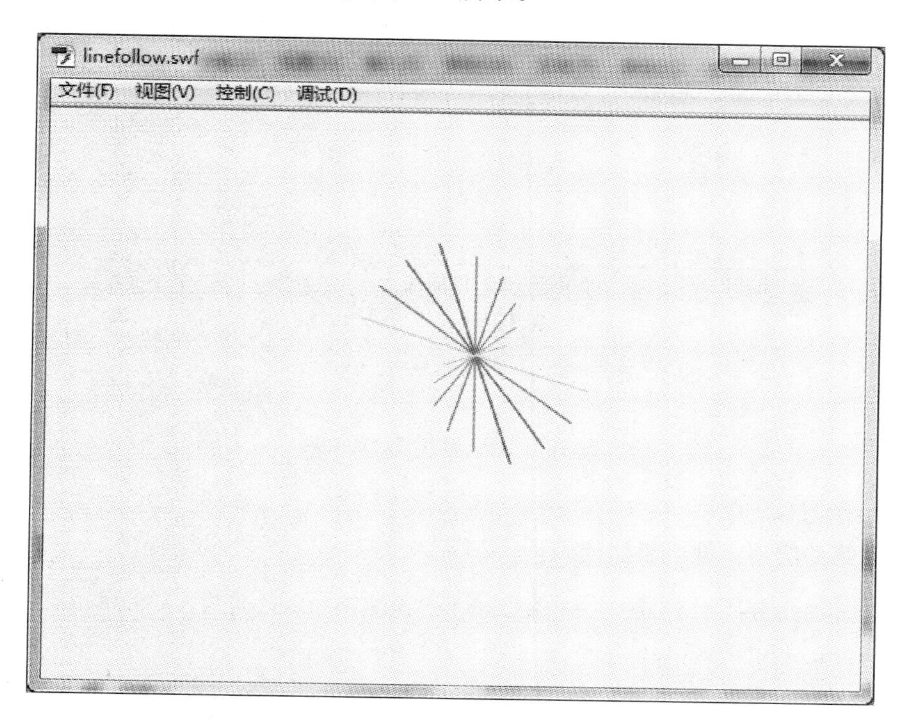

图 6-6 运行效果

设计要求:当鼠标在舞台上移动到哪里，哪里会产生一个旋转的彩星。

制作步骤：

(1) 打开 lineFollow. fla 文件，制作一条彩色的直线由短变长，再由长变短，并改变直线的颜色，如图 6-7 所示。

在影片剪辑的最后一帧关键帧上添加代码：

```
stop();
```

目的是让该影片剪辑播放一次。

(2) 在库面板的“star”影片剪辑上单击鼠标右键，在出现的快捷菜单中选择“属性”命令。在“元件属性”对话框中，在类的文本框中输入类名(本例为“Line”)，也就是将影片剪辑定义成一个类。之后，在鼠标移动事件响应中，可以直接用 new 构造函数创建出彩球影片

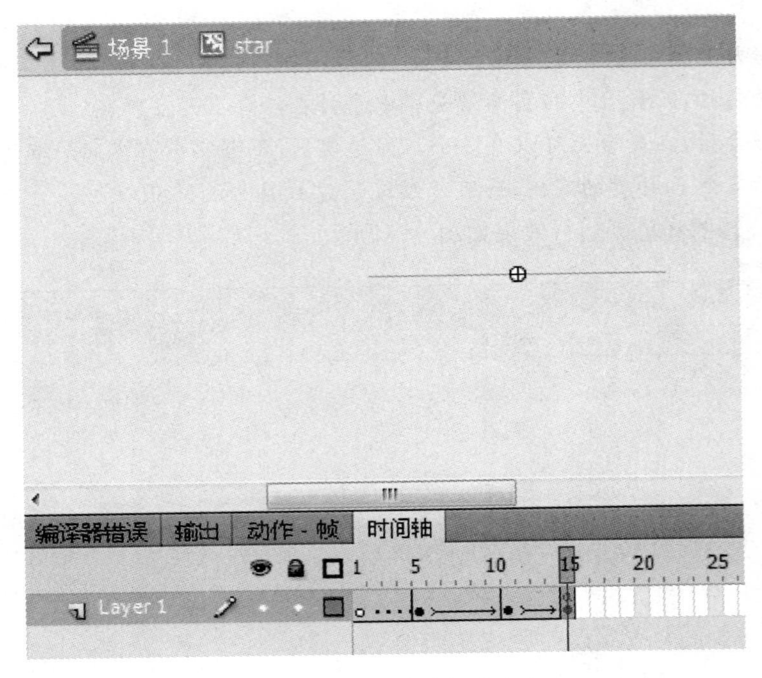

图 6-7 star 影片剪辑的动画

剪辑实例显示对象。

(3) 在第一层第一帧上添加代码：

```
stage.addEventListener(MouseEvent.MOUSE_MOVE,onTraceObj);
function onTraceObj(e:MouseEvent)
{
    addEventListener(Event.ENTER_FRAME,onRotation);
}
var i:int = 0;
function onRotation(e:Event)
{
    var line:Line = new Line();
    line.rotation = 18 * i;
    line.x = mouseX;
    line.y = mouseY;
    addChild(line);
    i++;
}
```

6.1.3 鼠标拖动实例

项目 1:可被拖动的页面。运行效果如图 6-8 所示。

图 6-8 运行效果

制作步骤:

(1) 打开 dragPage.fla 文件,制作一个影片剪辑 mc,注册点设置在左上角,在 mc 里面绘制两个和舞台大小相同且相互连接的矩形,设置不同的颜色。将 mc 的注册点对齐舞台的左上角位置。

(2) 在第一层第一帧上添加代码:

```
import flash.events.MouseEvent;
import flash.geom.Rectangle;
mc.addEventListener(MouseEvent.MOUSE_DOWN,mouseDown);
mc.addEventListener(MouseEvent.MOUSE_UP,mouseUp);
var rect:Rectangle = new Rectangle(-550,0,550,0);
function mouseDown(e:MouseEvent):void
{
    mc.startDrag(false,rect);
}
function mouseUp(e:MouseEvent):void
{
    mc.stopDrag();
}
```

项目 2:变化的三角形。运行效果如图 6-9 所示。

设计要求:当拖动三角形的三个顶点,可以形成一个任意三角形。

制作步骤:

(1) 打开 triangle.fla 文件,库中已经提供了一个拖动点的影片剪辑 point。拖动 3 个 point 影片剪辑的实例放到舞台上,分别命名实例名称为 pt1、pt2、pt3。

(2) 在第一层第一帧写上代码:

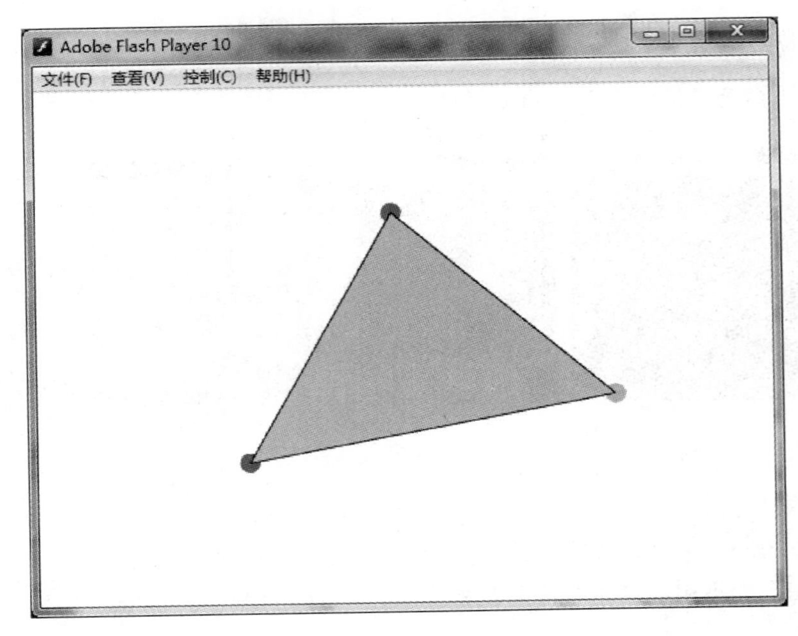

图 6-9 运行效果

```
import flash.display.Sprite;
import flash.filters.DropShadowFilter;
import flash.display.Shape;

var triangle: Shape = new Shape ();
var dropShadow:DropShadowFilter = new DropShadowFilter();
pt1.addEventListener(MouseEvent.MOUSE_DOWN,onDrag);
pt2.addEventListener(MouseEvent.MOUSE_DOWN,onDrag);
pt3.addEventListener(MouseEvent.MOUSE_DOWN,onDrag);
function onDrag(e:MouseEvent)
{
    e.target.startDrag();
    triangle.filters = [dropShadow];
    addEventListener(Event.ENTER_FRAME,onDrawing);
}
function onDrawing(e:Event)
{
    with (triangle.graphics)
    {
            clear();
```

```
            lineStyle(1,0x000000,1);
            beginFill(0xffaaff);        moveTo(pt1.x,pt1.y);
            lineTo(pt2.x,pt2.y);
            lineTo(pt3.x,pt3.y);
            endFill();
        }
        addChild(triangle);
}
addEventListener(MouseEvent.MOUSE_UP,onStopDrag);
function onStopDrag(e:MouseEvent)
{
        e.target.stopDrag();
        triangle.filters=[];
        removeEventListener(Event.ENTER_FRAME,onDrawing);
}
```

知识扩展：

with(triangle、graphics){… }的作用是把()内的 triangle、graphics 加在{ }内的每条语句。

with 语句可以提高程序的执行速度，并可避免重复输入元件名称的困扰。

```
with(元件名){
    程序语句块
}
```

6.2 鼠标坐标与三角学

6.2.1 鼠标坐标

鼠标坐标 mouseX、mouseY 存放鼠标指针所在位置的 X 和 Y 坐标。

鼠标位置的基准会根据对象的不同而不同。若是相对于影片舞台，坐标系统会以舞台的左上角作为(0,0)；若是以影片剪辑为对象，则会以影片剪辑的基准点作为(0, 0)。

6.2.2 数学类

Math 类是 Object 类的子类。该类的所有属性和方法都是静态的，必须直接使用类名访问它的成员。表 6-1 和表 6-2 列出了常用的 Math 类的常量和方法。

表 6-1　Math 类中的静态常量

常　量　名	含　　义
E	自然对数的
PI	圆周率
LN10	10 的自然对数的数学常数
LN2	2 的自然对数的数学常数
LOG10E	常数 e 以 10 为底的对数的数学常数
LOG2E	常数 e 以 2 为底的对数的数学常数
SQRT1_2	1/2 的平方根
SQRT2	2 的平方根

表 6-2　Math 类中的静态方法

类　　别	方法名	含　　义
杂类	abs	绝对值
	ceil	返回由参数指定的数字或表达式的上限值
	floor	返回由参数指定的数字或表达式的下限值
	max	返回参数列表中的最大值
	min	返回参数列表中的最小值
	random	返回一个伪随机数 $n, 0 \leqslant n < 1$
	round	取整
三角	cos	以弧度为单位计算余弦值
	sin	以弧度为单位计算正弦值
	tan	以弧度为单位计算正切值
反三角	acos	以弧度为单位计算反余弦值
	asin	以弧度为单位计算反正弦值
	atan	以弧度为单位计算反正切值
	atan2	以弧度为单位计算指定点的角度值
幂指对	exp	E 的幂值
	log	求自然对数
	pow	计算幂值，底和指数由参数指定
	sqrt	平方根

下面的代码是计算半径为 5 的圆的面积，并对结果进行一定的取舍。

```
var r:Number=5;
var s1:Number=Math.PI * r * r;
trace(s1); //输出结果:78.53981633974483
var s2:Number=Math.round(Math.PI * r * r);
trace(s2); //输出结果:79
var s3:Number=Math.floor(Math.PI * r * r);
trace(s3); //输出结果:78
```

6.2.3 三角学

三角学研究的是三角形及其边与角之间的关系。三角形的一种特殊类型是其中一个角等于90°的直角三角形。

什么是角?角是由两条相交线形成的形状。测量角的两个主要系统是角度(degree)和弧度(radian)。AS 3.0中三角公式使用的是弧度,而在Flash的设计工具中使用的是角度。角度与弧度之间的转换公式如下:

$$\frac{radians}{degrees}=\frac{Math.PI}{180}$$

已知radians,求degrees的公式是:

$$degrees=radians * 180/Math.PI$$

已知degrees,求radians的公式是:

$$radians=degrees * Math.PI/180$$

AS 3.0中有用来计算三角关系的三角函数:

- 正弦:Math.sin(radians)=对边/斜边
- 余弦:Math.cos(radians)=邻边/斜边
- 正切:Math.tan(radians)=对边/邻边
- 反正弦:radians=Math.asin(ratio)
- 反余弦:radians=Math.acos(ratio)
- 反正切:radians=Math.atan(ratio);radians=Math.atan2(y,x)

在Flash交互动画编程中,使用较多的是正弦函数、余弦函数和反正切函数。正弦函数或余弦函数主要用于往复的波动动画;正弦函数和余弦函数配合一起使用可以模拟圆和椭圆的运动轨迹;反正切函数多用于将弧度值转换为角度值以控制对象的旋转。

需要注意的是,Flash中有两个函数来检测反正切,第一个函数就是提供对边与邻边的比值,得到弧度值。

例如,我们知道45°角的正切值是1。可以尝试:

trace(Math.atan(1) * 180/Math.PI);

得到的值是 45，看上去很简单、直观，为何还需要另外一个函数来处理同样的事情呢？

如图 6-10 所示，4 个不同的三角形：A、B、C 和 D。针对这 4 个内角的比例，得到

A：−1/1 或−1；

B：1/1 或 1；

C：1/−1 或−1；

D：−1/−1 或 1；

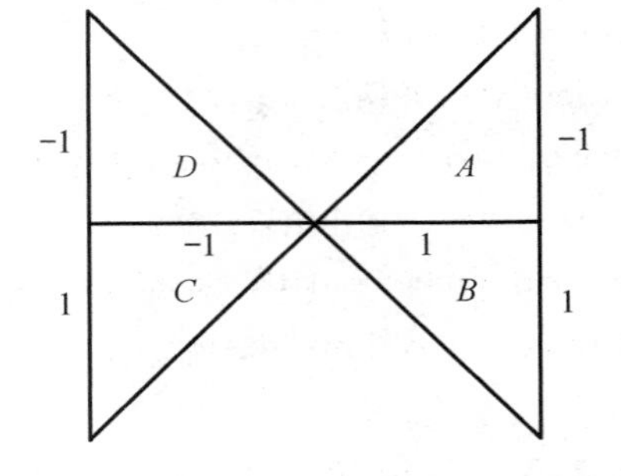

图 6-10　Flash 坐标系中四个象限中的角

因此，假设用第一个函数，通过对边比邻边的比值 1 来计算 Math. atan(1)，再将它转化为角度，得到的值是 45°，但是这又是指哪一个三角形呢？B 还是 D？因为二者的比例都是 1。那为何又要知道到底在哪个区间中呢？这将在后面的例子中看到，这个区分是非常重要的。因此，Math. atan2(y, x)就有存在的必要，它有两个参数，一个是对边的大小，另一个是邻边的大小，在 Flash 中意味着 y 轴上的值和 x 轴上的值。对于给定的例子，输入 Math. atan2(1, 1)，再转化为角度，trace(Math. atan2(1, 1) * 180/Math. PI)，得到 45°，这就是三角形 B 的角度；再测试三角形 D，输入 trace(Math. atan2(−1, −1) * 180/Math. PI)，得到−135，这是什么呢？我们知道，Flash 中是从 x 轴的正方向顺时针测量的，因此，三角形 D 的角度从逆时针方向测量正好是−135°，而三角形 D 的内角也就是 45°。

6.2.4　波动

正弦函数和余弦函数都是周期性函数，并且波形连续，当角度不断增加，会反复得到那个波形，它们的函数值始终是在−1～1 之间变化。正弦函数和余弦函数的波形相同，只是起点位置不同，所以当只需要一个往复运动时可以用余弦代替正弦。

在制作动画过程中，可以通过将−1～1 之间变化的函数值乘以一个更大的值，比如 100，改变显示对象的运动幅度，得到−100～100 之间的值；如果希望它能在舞台中心位置开始运动，可以再加上一个值，使其变化范围都在正值区间内，比如 200，这样就得到 100～300 之间的变化。

下面我们来制作一个小球光滑上下运动的动画效果。

```
var radian:Number = 0;
var centerY:Number = stage.stageHeight / 2;//改变小球运动的开始位置
var range:Number = 130;//改变小球的运动范围
var speed:Number = 0.05;//改变小球的速度
ball_mc.addEventListener(Event.ENTER_FRAME, onEnterFrameHandler);
function onEnterFrameHandler(event:Event):void
{
```

```
    ball_mc.y = centerY + Math.sin(radian) * range;
    radian += speed;
}
```

除了可以将正弦值或余弦值用到物理位置的变化外，还可以用正弦值影响显示对象的缩放（scaleX 和 scaleY），透明度（alpha）、旋转（rotation）等属性上，产生有趣的现象。

6.2.5 圆和椭圆

从右边看圆上一点的运动，是做上下运动，中心是圆的中心，它的运动范围是圆的半径。利用正弦，得到 y 的位置变化。

从下面看圆上一点的运动，是做左右运动，中心是圆的中心，它的运动范围是圆的半径。利用余弦，得到 x 的位置变化，如图 6-11 所示。

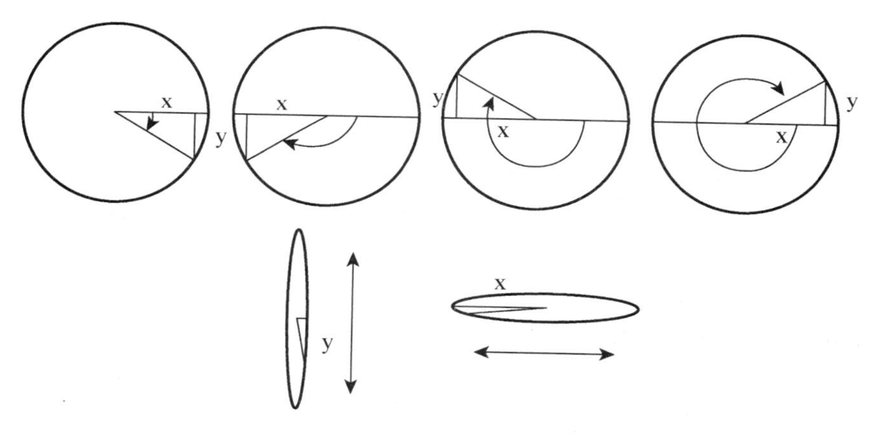

图 6-11　圆上坐标点的实现

所以，余弦和正弦相配合的情况下有一个更常见的功能：物体按照圆或椭圆的轨迹运动。

假设圆上每一点的坐标是（xpos，ypos），则点坐标的变化公式如下：

```
xpos = centerX + Math.cos(radian) * radius;
ypos = centerY + Math.sin(radian) * radius;
```

要得到一个椭圆，要做的就是计算 x 和 y 位置时使用不同的半径值，radiusX 和 radiusY。

```
xpos = centerX + Math.cos(radian) * radiusX;
ypos = centerY + Math.sin(radian) * radiusY;
```

下面利用 drawing API 绘制出一个圆形。

```
var angle:Number = 0;
var centerX:Number = 250;
var centerY:Number = 200;
var radius:Number = 100;
var speed:Number = 0.05;
var xpos:Number = 0;
var ypos:Number = 0;
graphics.lineStyle(2, 0x000000, 1);
graphics.moveTo(centerX+radius,centerY);
addEventListener(Event.ENTER_FRAME, onEnterFrameHandler);
function onEnterFrameHandler(event:Event):void
{
    ypos = centerY + Math.sin(angle) * radius;
    xpos = centerX + Math.cos(angle) * radius;
    angle += speed;
    graphics.lineTo(xpos, ypos);
    if (angle>Math.PI*2)
    {
        removeEventListener(Event.ENTER_FRAME, onEnterFrameHandler);
    }
}
```

项目名称:模拟一个钟摆的动画效果。运行效果如图 6-12 所示。

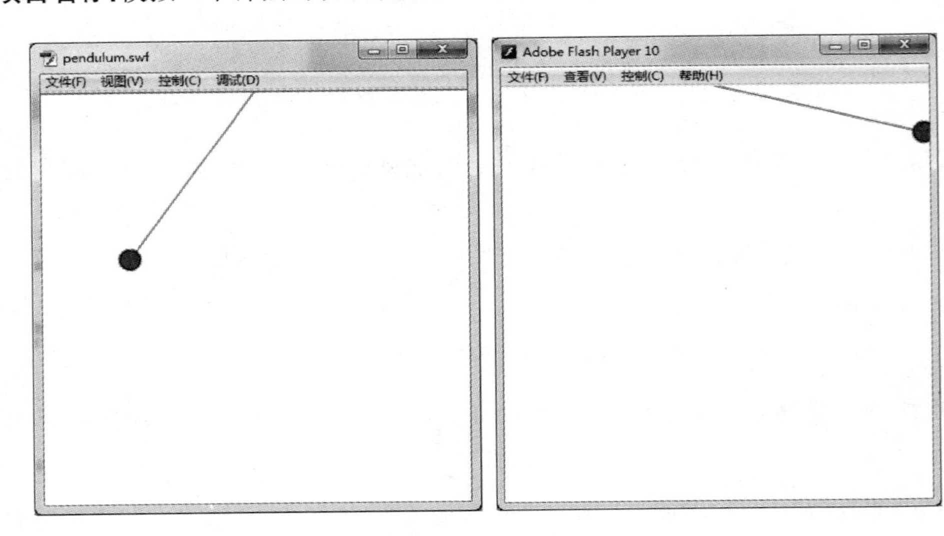

图 6-12 运行效果

项目分析:模拟一个钟摆的运动,其实就是一个往复的半圆运动,y 轴上只能取到正值,

可以通过取绝对值的方法来实现。

```
var radian:Number = 0.0;
var vAngle:Number = 0.05;
var pendulum_x:Number = 0;
var pendulum_y:Number = 0;
var r:Number = 10;
var halfWidth:Number = stage.stageWidth / 2;
var halfHeight:Number = stage.stageHeight / 2;
stage.addEventListener(Event.ENTER_FRAME,onRun);
var myShape:Shape=new Shape();
function onRun(e:Event):void
{
    pendulum_x = halfWidth + Math.cos(radian) * halfWidth;
    pendulum_y = Math.abs(Math.sin(radian) * halfHeight);
    with (myShape.graphics)
    {
        clear();
        lineStyle(2,0x000000,0.5);
        moveTo(halfWidth,0);
        lineTo(pendulum_x,pendulum_y);
        beginFill(0x575757,1);
        drawCircle(pendulum_x,pendulum_y,r);
        endFill();
    }
    addChild(myShape);
    radian += vAngle;
}
```

6.2.6 旋转

如果希望一个影片剪辑始终指向鼠标，即影片剪辑随着鼠标指向的方向旋转，可以通过构建一个直角三角形，计算出鼠标坐标(mouseX，mouseY)和影片剪辑坐标(mc. x，mc. y)之间的坐标差，得到直角三角形两条直角边的长度。

```
dx=mouseX-mc.x
dy=mousey-mc.y
```

通过AS 3.0中的反正切函数Math. atan2(dy，dx)得到弧度值，转换成角度值后设置为影片剪辑的rotation属性mc. rotation= Math. atan2(dy，dx) * 180/Math. PI。

项目名称:青蛙的眼睛跟随一只苍蝇转动。运行效果如图 6-13 所示。

图 6-13　运行效果

设计要求:当移动苍蝇,青蛙的眼睛会跟随苍蝇旋转。

项目分析:假设 a 点为青蛙的一只眼睛影片剪辑注册点所在位置(x1,y1),b 点为苍蝇影片剪辑注册点的所在位置(x2,y2),苍蝇影片剪辑注册点位置也就是鼠标坐标位置(mouseX,mouseY)。以这两点作为斜边,绘制一个直角三角形,如图6-14所示。

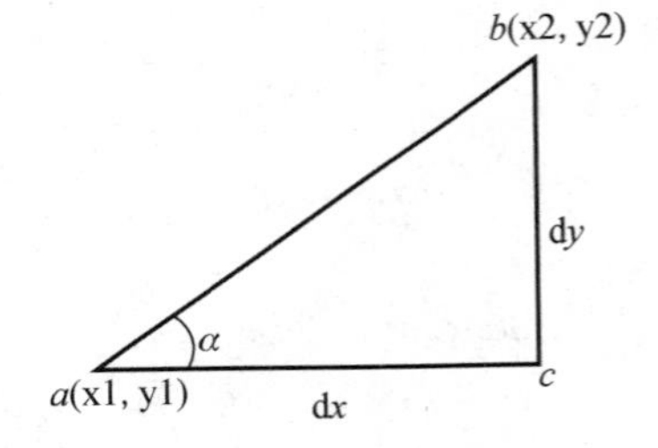

图 6-14　转换成一个直角三角形

制作步骤:

(1) 打开 eyes. fla 文件,舞台上已经放置了青蛙和苍蝇影片剪辑,苍蝇的实例名称为 fly_mc。

(2) 在第一层第一帧写上代码,完成将系统鼠标隐藏,显示苍蝇跟随系统鼠标移动:

```
Mouse.hide();
stage.addEventListener(MouseEvent.MOUSE_MOVE,onMove);
function onMove(e:MouseEvent):void {
        fly_mc.x=mouseX;
        fly_mc.y=mouseY;
}
```

(3) 青蛙的两只眼睛都要跟随苍蝇转动,因此,只需要在库中青蛙眼睛的库元件上写代码即可,舞台上的两个青蛙眼睛继承了元件中的方法。

```
this.addEventListener(Event.ENTER_FRAME,onRotate);
function onRotate (e:Event):void {
        var x1:Number=stage.mouseX-this.x;
        var y1:Number=stage.mouseY-this.y;
        this.rotation=Math.atan2(y1,x1)*180/Math.PI;
}
```

6.2.7 鼠标跟随

1. 速度

影片剪辑的坐标位置和运动方向跟随鼠标的变化而变化。物体运动的最基本属性就是速度,速度的简单定义是:某个方向上的速率。速度既有方向也有大小。一般为了简化问题,把速度限制在一个轴上:x 轴或水平运动、y 轴或垂直运动;也可以使用两个轴上的速度,记为 vx、vy。

先来看把速度放在一个轴上:x 轴(水平轴)。让物体从屏幕的左侧到右侧,移动速度就是物体每一帧移动的像素值。因此,如果说速度在 x 轴上为 5,就意味着物体在每一帧都会向右移动 5 个像素。同样,如果速度向量在 x 轴上为 −5,那么物体每一帧就会向左移动 5 个像素。

当计算 x,y 速度的分量时,通常可以记作正数或负数,比如"x 速度向量为 −5"。在 x 轴上把减号看成"向左"的指示符,在 y 轴上则是"向上"的指示符。用 vx 表示 x 轴的速度向量,用 vy 表示 y 轴的速度向量。vx 为正数表示向右移动,为负数表示向左移动;vy 为正数表示向下,vy 为负数表示向上。

使用两个轴对物体进行移动也非常简单,只需要定义 vx 和 vy,并在每一帧将 vx 加到 x 属性上,vy 加到 y 属性上。

2. 角速度

假如想让物体 a 以每帧 3 像素的速度向 45°的 b 位置移动,这里指定了一个速率值(speed)和一个方向角(radian),这就叫做角速度。

通过三角函数的计算,可以把角速度分解为 vx 和 vy 。

```
vx = Math.cos(radian) * speed;
vy = Math.sin(radian) * speed;
```

将 a 点的 x,y 属性加上这个 vx,vy,a 点就不停地向 b 点靠近了。

```
a.x+ = vx;
a.y+ = vy;
```

项目名称:钓鱼。运行效果如图 6-15 所示。

设计要求:鼠标控制鱼钩的位置,鱼会跟随鱼钩并靠近鱼钩。

项目分析:这个效果是在旋转效果之上,还需要增加一个运动效果,就是鱼要不断地靠近鱼饵所在的位置,即鼠标的位置。靠近的速度可以自己设定,跟随方向根据反正切函数

求出。

图 6-15 运行效果

制作步骤：

(1) 打开 fish.fla 文件，舞台上已经放置了鱼和鱼钩的影片剪辑，鱼和鱼钩的实例名称分别为 fish 和 fishhook。

(2) 在第一层第一帧写上代码：

```
var speed:Number=2;
var vx,vy:Number=0;
Mouse.hide();
stage.addEventListener(MouseEvent.MOUSE_MOVE,onMouseMoveHandler);
function onMouseMoveHandler(e:MouseEvent):void {
    fishhook.x=mouseX;
    fishhook.y=mouseY;
}
fish.addEventListener(Event.ENTER_FRAME,onEnterFrameHandler);
function onEnterFrameHandler(e:Event):void {
    var x1:Number=mouseX-fish.x;
    var y1:Number=mouseY-fish.y;
    var radian:Number=Math.atan2(y1,x1);
    fish.rotation = radian * 180 / Math.PI;
    vx = Math.cos(radian) * speed;
    vy = Math.sin(radian) * speed;
    fish.x +=  vx;
    fish.y +=  vy;
}
```

(3) 按【Ctrl+Enter】键测试效果，可以看到鱼钩在移动过程中，小鱼会向其靠近，但是当小鱼吃到鱼钩的时候，会出现一个问题，小鱼在不停地闪动。究其原因，是因为当二者 x 或 y 方向上有一个距离为 0 时，会导致反正切函数出现两个值。因此，需要避免二者之间距离太近，保持一定的距离，用 dx 和 dy 来代表 x 方向和 y 方向的差值。根据 dx 和 dy，得出两点之间的距离，这个距离大于它们之间的一个角速度来解决。

知识扩展：

勾股定理：把直角三角形的两直角边的平方和等于斜边的平方这一特性叫做勾股定理或勾股弦定理，又称毕达哥拉斯定理或毕氏定理(Pythagoras Theorem)。

假设已知两点的坐标(x1,y1)、(x2,y2)，可以通过下面的方法求得两点间的距离：

```
var dx:Number = x2 - x1;
var dy:Number = y2 - y1;
var dist:Number = Math.sqrt(dx * dx + dy * dy);
```

因此，上例在帧事件的响应函数 onEnterFrameHandler 中，将代码修改为

```
function onEnterFrameHandler(e:Event):void
{
    var x1:Number = mouseX - fish.x;
    var y1:Number = mouseY - fish.y;
    var dist:Number= Math.sqrt(x1 * x1 + y1 * y1);
    if (dist>speed)
    {
        var radian:Number = Math.atan2(y1,x1);
        fish.rotation = radian * 180 / Math.PI;
        vx = Math.cos(radian) * speed;
        vy = Math.sin(radian) * speed;
        fish.x += vx;
        fish.y += vy;
    }
    else
    {
        fish.x = mouseX;
        fish.y = mouseY;
    }
}
```

键盘的交互

7.1 键盘事件

键盘事件与鼠标事件相似,可以在指定的对象上侦听键盘事件。为了使用户能够通过键盘进行交互,Flash 提供了获取键盘的消息类。

KeyboardEvent 类:任何对象通过侦听器的设置来监控键盘动作的事件归属于 KeyboardEvent 类。

事件类型	事件名称
KeyboardEvent	➢ KEY_DOWN　　键盘按键按下 ➢ KEY_UP　　键盘按键松开

7.2 键盘代码

通常,你不但想知道一个键是否被按下或放开,还想知道它是哪个键。

在键盘事件中,有两个属性与事件中的按键有关:charCode 和 keyCode。

当侦听函数被调用后,就可以使用键盘事件的属性了,表示按键信息的 keyCode,charCode,类型为 uint 型;表示辅助键是否按下的 altKey,ctrlKey,shiftKey,类型为 Boolean 型;还有表示按键区域的 keyLocation,该值为正整数值。

keyCode 属性:该属性记录的值是一个正整数,对应着标准键盘上的一个键,该正整数为键控代码。

CharCode 属性:该属性表示键盘输出字符的 ASCII 码,对应于屏幕上的显示,该数值也为正整数。

KeyboardEvent 对象. charCode

KeyboardEvent 对象. keyCode

上面的定义也许比较抽象，下面来举例说明。

当在键盘上按下【A】键时，屏幕上会出现 a，这时，keyCode 的值为 65，charCode 的值为 97；当按下【shift+A】键时，屏幕上会出现 A，keyCode 值为 65 保持不变，charCode 的值变为 65。为什么会是这样的数呢？我们先来查一下 ASCII 代码表，a 的 ASCII 为 97，A 的 ASCII 为 65。因为按下的都是【A】键，所以键控代码(keyCode)不变(【shift】为辅助键)；屏幕输出为 a 时，ASCII 码就显示 97，屏幕显示为 A 时，ASCII 码就显示 65。

根据上面的规律，总结如下：charCode 与屏幕输出的字符相关，区分大小写；keyCode 与被按下的按键相关，每一个按键都有一个键控代码。

charCode 属性给出的是表示刚被按下的那个键的字符。

如果用户在键盘上按下了【A】键，则 charCode 将包含字符串“a”；

如果用户同时也按下了【shift】键然后按【A】键，则 charCode 将包含的是“A”。

keyCode 包含的是描述被按下的物理键的数字。

如果用户在键盘上按下了【A】键，则 keyCode 将包含数字 65，而不管其他同时按下的键；

如果用户先按下了【shift】键然后按【A】键，则将得到两个键盘事件：一个是【shift】键的 keyCode：16；另一个是“a”的 keyCode：65。

如果要判断哪个按键被按下，是通过 keyCode 属性来判断是否等于按下的按键代码。这些按键代码不容易记住，因此 AS 3.0 提供了一个 Keyboard 类，它在 flash.ui.Keyboard 包中。Keyboard 类提供了一些属性，也就是一些按键常量，这些常量代表着用于控制应用程序的常用按键，包括 F1—F12 键、小键盘上的数字键和键盘上的各种功能键，如表 7-1 所示。这些常量便于直观理解和记忆，例如，按键向左的键控代码是 37，有了按键常量后，可以检测 keyCode 是否等于 Keyboard.LEFT 来判断向左的方向键是否被按下。

表 7-1　按键常量

按　键	按键常量	值
向左	LEFT	37
向右	RIGHT	39
向上	UP	40
向下	DOWN	38
Backspace	BACKSPACE	8
Enter	ENTER	13
Esc	ESCAPE	27

（续表）

按　　键	按键常量	值
Page Up	PGUP	33
Page Down	PGDN	34
Space	SPACE	32

7.3　键盘交互实例

项目名称：键盘控制甲壳虫的爬行。运行效果如图 7-1 所示。

图 7-1　运行效果

把上一章中用鼠标点击舞台上的方向键控制甲壳虫爬行的例子改为用键盘上的方向键来控制甲壳虫的爬行。

键盘控制甲壳虫四个方向的爬行，代码如下：

```
var vx:Number = 0;
var vy:Number = 0;
var speed:Number = 5;
stage.addEventListener(KeyboardEvent.KEY_DOWN,onKeyPress);
stage.addEventListener(KeyboardEvent.KEY_UP,onKeyRelease);
beetle_mc.addEventListener(Event.ENTER_FRAME,onFrame);
function onKeyPress(e:KeyboardEvent):void
{
    switch (e.keyCode)
    {
        case Keyboard.UP:
            beetle_mc.rotation = 0;
            vy = - speed;
            break;
        case Keyboard.DOWN:
            beetle_mc.rotation = 180;
            vy = speed;
            break;
        case Keyboard.LEFT:
            beetle_mc.rotation = -90;
            vx = - speed;
            break;
        case Keyboard.RIGHT:
            beetle_mc.rotation = 90;
            vx = speed;
            break;
    }
}
function onKeyRelease(e:KeyboardEvent):void
{
    vx = 0;
    vy = 0;
}

function onFrame(e:Event):void
{
    beetle_mc.x += vx;
    beetle_mc.y += vy;
}
```

下面实现键盘控制甲壳虫八个方向的爬行。运行效果如图 7-2 所示。

图 7-2 运行效果

项目分析：通过创建数组来存储按下的所有按键键值。

```
var vx:Number = 5;
var vy:Number = 5;
var keyArr:Array = new Array();
stage.addEventListener(KeyboardEvent.KEY_DOWN,onKeyPress);
stage.addEventListener(KeyboardEvent.KEY_UP,onKeyRelease);
addEventListener(Event.ENTER_FRAME,onFrame);
function onKeyPress(e:KeyboardEvent):void
{
    if (keyArr.indexOf(e.keyCode) == -1)
    {
        keyArr.push(e.keyCode);
    }
}
```

```
function onKeyRelease(e:KeyboardEvent):void
{
    for (var i=0; i<keyArr.length; i++)
    {
        if (keyArr[i] == e.keyCode)
        {
            keyArr.splice(i,1);
        }
    }
}
function onFrame(e:Event):void
{
    if (keyArr.length == 1)
    {
        switch (keyArr[keyArr.length-1])
        {
            case Keyboard.UP :
                beetle_mc.rotation = 0;
                beetle_mc.y += - vy;
                break;
            case Keyboard.DOWN :
                beetle_mc.rotation = 180;
                beetle_mc.y += vy;
                break;
            case Keyboard.LEFT :
                beetle_mc.rotation = -90;
                beetle_mc.x += - vx;
                break;
            case Keyboard.RIGHT :
                beetle_mc.rotation = 90;
                beetle_mc.x += vx;
                break;
            default :
                break;
        }
    }
    else if (keyArr.length >1)
    {
```

```
        if (keyArr.indexOf(Keyboard.UP) ! = -1 && keyArr.indexOf(Keyboard.LEFT) ! = -
1)
        {
            //左上
            beetle_mc.y += - vy;
            beetle_mc.x += - vx;
            beetle_mc.rotation = -45;
        }
        else if (keyArr.indexOf(Keyboard.UP)! = -1 &&
keyArr.indexOf(Keyboard.RIGHT)! = -1)
        {
            //右上
            beetle_mc.y += - vy;
            beetle_mc.x += vx;
            beetle_mc.rotation = 45;
        }
        else if (keyArr.indexOf(Keyboard.DOWN)! = -1 &&
keyArr.indexOf(Keyboard.RIGHT)! = -1)
    {
            //右下
            beetle_mc.y += vy;
            beetle_mc.x += vx;
            beetle_mc.rotation = 135;
        }
        else if (keyArr.indexOf(Keyboard.DOWN)! = -1 &&
keyArr.indexOf(Keyboard.LEFT)! = -1)
    {
            //左下
            beetle_mc.y += vy;
            beetle_mc.x += - vx;
            beetle_mc.rotation = 225;
        }
    }
}
```

第8章 简单运动

8.1 加速度

和速度一样，加速度也是有方向有大小的，但是速度改变的是对象的位置，而加速度改变的是对象的速度。如果速度方向和加速度方向一致，则为加速运动；如果速度方向和加速度方向相反，则为减速运动。加速度一般可以在 x 轴上产生，加到每帧的 vx 上。但是像重力、浮力和升力等都会产生在 y 轴上的加速度，可以加到每帧的 vy 上。比如一个小球的弹跳过程就存在加速运动和减速运动，它在下落的时候速度方向和重力加速度方向是一致的，所以为加速下落；小球下落碰到地面反弹后，上升过程中速度方向和重力加速度方向相反，所以为减速上升，当速度减为零后，又因受到重力作用加速下落，如此反复。

项目名称：通过键盘上的左右方向键控制小球的加速度。

```
var vx:Number = 0;
var ax:Number = 0;
var left:Number = 0;
var right:Number = stage.stageWidth;
stage.addEventListener(KeyboardEvent.KEY_DOWN,onKeyPress);
stage.addEventListener(KeyboardEvent.KEY_UP,onKeyRelease);
ball_mc.addEventListener(Event.ENTER_FRAME,onFrame);
function onKeyPress(e:KeyboardEvent):void
{
    switch (e.keyCode)
    {
        case Keyboard.LEFT :
            ax = -0.05;
            break;
        case Keyboard.RIGHT :
            ax = 0.05;
```

```
            break;
    }
}
function onKeyRelease(e:KeyboardEvent)
{
    ax = 0;
}
function onFrame(e:Event)
{
    vx += ax;
    ball_mc.x += vx;
}
```

8.2 摩擦力

摩擦力是现实环境中常见的力，比如把一个皮球推出去，皮球在滚动一段距离之后，速度慢慢降低，最终趋于零停止住，这就是摩擦力的作用。摩擦力实际上就是消减速度，但是不能改变物体运动的方向。

有一种简化的方法来模拟现实环境中的摩擦力，就是通过设置一个摩擦系数(friction)，一般取值为0.9～1之间的值较为合适，在速度上乘以这个摩擦系数，速度就会不断减少，并趋近于零。

比如在水平方向上加上一个摩擦力：

```
vx*=friction;
ball_mc.x+=vx;
```

8.3 环境边界

物体在运动的过程中，都有一个活动空间的约束。在Flash影片中，需要为活动物体设置一个空间，通常这个空间是整个舞台，也可以是舞台的某一部分，或比舞台更大的空间。一旦物体移出了这个空间，可以选择让它折回、阻止、重生、回弹、跟随或移除。

8.3.1 设置边界

通过直接访问舞台和它的属性来实现。例如，设置一个固定的边界区域，即使舞台大小

发生变化时它们也不会发生改变。

```
var left:Number=0;
var top:Number=0;
var right:Number=stage.stageWidth;
var bottom:Number=stage.stageHeight;
```

如果让舞台中播放器窗口发生变化时同时自动地缩放，可以做如下设置：

```
stage.align=StageAlign.TOP_LEFT;
stage.scaleMode=StageScaleMode.NO_SCALE;
```

这两个属性分别在 flash.display.StageAlign 和 flash.display.StageScaleMode 包中。

8.3.2 折回

屏幕折回指的是当一个物体移出了屏幕的左边界，它会在右边重新出现；如果物体移出了屏幕的右边界，它会在左边重新出现；如果物体超出了上边界，它会在底端重新出现；如果物体超出了下边界，它会在顶端重新出现。

屏幕折回中，要让物体完全离开舞台之后重新定位它，是通过它的位置与它自身的宽的一半相加或相减来实现的。

下面以一个小球的屏幕折回为例：

```
if (ball_mc.x-ball_mc.width/2>right) {
    ball_mc.x=left-ball_mc.width/2;
} else if (ball_mc.x + ball_mc.width / 2 < left) {
    ball_mc.x=right+ball_mc.width/2;
}
if (ball_mc.y-ball_mc.height/2>bottom) {
    ball_mc.y=top-ball_mc.height/2;
} else if (ball_mc.y + ball_mc.height / 2< top) {
    ball_mc.y=bottom+ball_mc.height/2;
}
```

8.3.3 重生

当一个物体已经离开舞台并不再需要时，可以把它作为一个崭新的物体重新放回舞台让它播放。重新生成的技巧非常类似于移除，需要等物体移出边界后，不是移除它，而是移动它。这项技术对于喷泉效果、恒定的粒子系统非常有用。

项目名称：模拟喷泉效果。运行效果如图 8-1 所示。

图 8-1 运行效果

制作步骤：在 Flash 中绘制一个水滴的库元件 waterdrop，并设置一个链接类 Drop，如图8-2 所示。

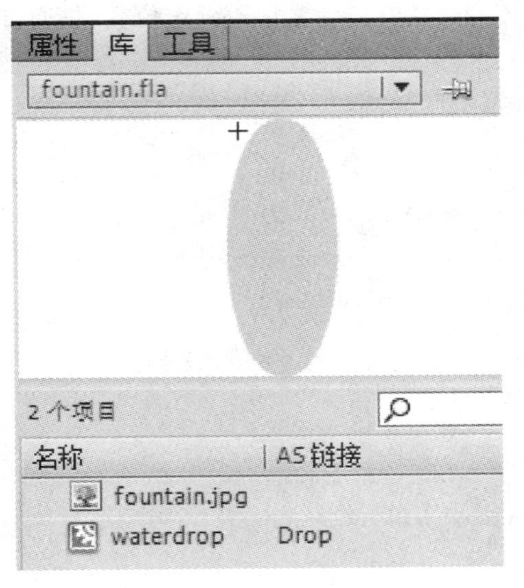

图 8-2 水滴库元件的链接类

```
var count:int = 400;
var gravity:Number = 0.5;
var drops:Array= new Array();
for (var i:int = 0; i < count; i++)
```

```
{
    var waterDrop:Drop = new Drop();
    waterDrop.x = 220;
    waterDrop.y = 220;
    waterDrop.vx = Math.random() * 2 - 1;
    waterDrop.vy = Math.random() * (-20);
    addChild(waterDrop);
    drops.push(waterDrop);
}
addEventListener(Event.ENTER_FRAME, onFrame);
function onFrame(e:Event):void
{
    for (var i:int=0; i<drops.length; i++)
    {
        drops[i].vy += gravity;
        drops[i].x += drops[i].vx;
        drops[i].y += drops[i].vy;
        if (drops[i].y<=0||drops[i].y>=220||
            drops[i].x<=0||drops[i].x>=stage.stageWidth)
        {
            drops[i].x = 220;
            drops[i].y = 220;
            drops[i].vx = Math.random() * 2 - 1;
            drops[i].vy = Math.random() * (-10) - 10;
        }
    }
}
```

8.3.4 回弹

回弹指的是当物体移出了左边界或右边界，就反转它的 x 方向速度；当物体移出了上边界或下边界，就反转它的 y 方向速度，即 vx *=－1 或 vy *=－1。回弹的过程中总会有一些能量损失，如果要反映这点，可以乘上一个摩擦系数，比如 vx *=－0.98。

项目名称：弹跳的小球。运行效果如图 8-3 所示。

```
var vx:Number=5;
ball_mc.addEventListener(Event.ENTER_FRAME, onEnterFrameHandler);
function onEnterFrameHandler(e:Event):void {
    ball_mc.x+=vx;
```

```
    if (ball_mc.x>500|| ball_mc.x<50) {
        vx* = -1;
        ball_mc.scaleX* = -1; //翻转小球
    }
}
```

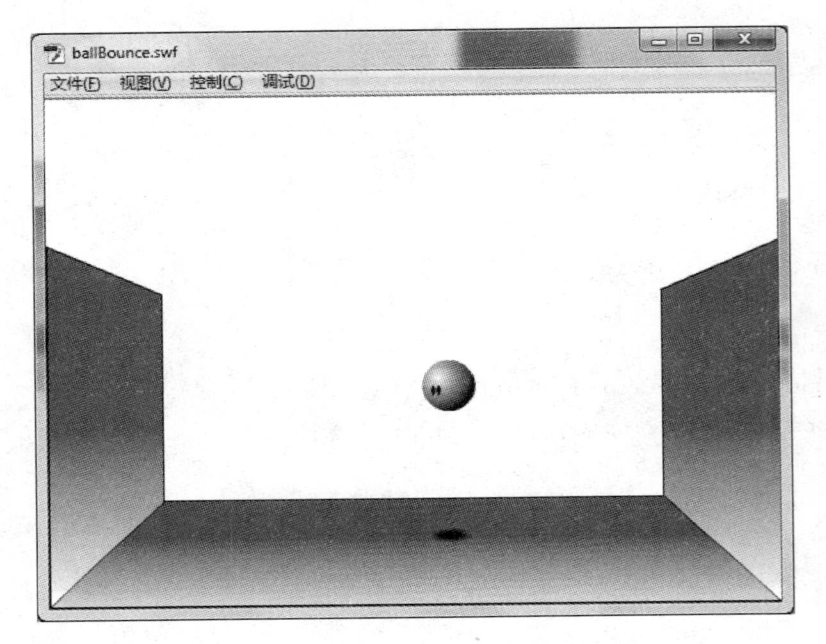

图 8-3 运行效果

第9章 数据的交互

9.1 数据的输入和输出

输入/输出信息是计算机程序通信中最基本的两个元素，在交互程序设计中，这是必不可少的一项重要内容，往往由用户输入，再通过程序控制进行输出。Flash 的数据输入和输出是通过文本框来实现的。文本框可以通过工具栏上的文本工具实现，也可以完全通过代码生成。

9.1.1 设置文本的类型

选择工具栏中的文本工具 T，在舞台上绘制一个文本域，选中文本域后，打开属性面板，有三种类型可供选择，如图 9-1 所示。

(1) 静态文本：用来创建不需要更改的文本。可以用来制作说明文字、按钮标签或者标题等在整个项目中保持不变的文本。

(2) 动态文本：可以通过程序来控制的文本，即它可以随着程序的指令而变化。动态文本用于显示程序的输出信息。

(3) 输入文本：允许用户通过键盘来输入的文本。用户可以通过该文本键入一些信息与程序进行交互，这通常需要一个按钮来通知程序获取输入信息。

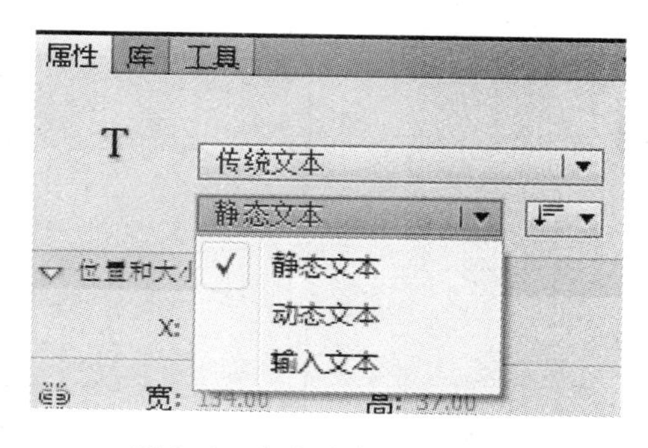

图 9-1　文本的类型选择

9.1.2 动态文本

使用文本工具在舞台上创建一个文本，默认情况下创建的是静态文本，需要在属性面板中将文本类型选择为“动态文本”。动态文本有很多属性，有些属性是三种文本类型都相同的，如字体、字号、字符间距、对齐方式等。动态文本增加了一些属性，如实例名称、显示边

框、段落控制等。

动态文本是一种特殊的元件，它和输入文本都是 TextField 类的实例。如果要使用动态文本的完整属性，必须设置它的实例名称。实例名称的命名推荐以“_txt”为后缀，这样就很容易知道它是文本变量。

在舞台上创建一个动态文本，选中该文本，打开属性面板，输入动态文本的实例名称“myText_txt”。创建单行文本只需要保证信息能完全显示出来，可以通过暂时在文本字段中输入一行信息来协助设置其宽度。如果需要创建一个多行的动态文本，首先需要在段落标签下的“行为”下拉菜单中选择“多行”或“多行不换行”（图 9-2）。“多行”默认自动换行，在测试过程中会出现一些不可预知的结果。选择“多行不换行”，当文字长度超过文本字段宽度时不自动换行，因此要显示所有文本，必须保证文本字段足够宽。

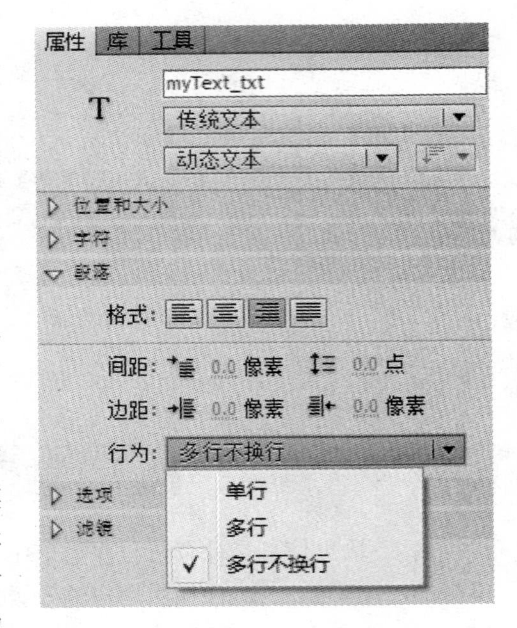

图 9-2　动态文本的行为设置

在动作面板中添加如下代码：

```
myText_txt.text="Hello Flash!"+"\n"+"Hello AS3.0!";
```

运行效果如图 9-3 所示。

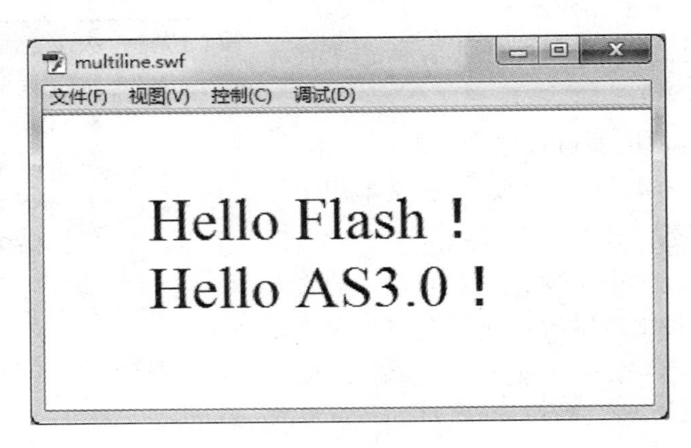

图 9-3　运行效果

📖 **代码说明：**

用“+”号将字符串连接起来，这个在之前的内容里讲过，但是这条语句中还有一个之前没有见过的字符：“\n”。

反斜杠后面加一个字母 n 就组成了常用的换行符，这种类型的符号称为转义字符。在任何字符后面加入换行符，可以强制在该字符后面换行。也可以通过字符合并的方式将换行符与其他文字合并到一起，所以也可以写成：

```
"Hello Flash! \nHello AS3.0!"
```

两种方法得到的结果是一样的，但是第一种写法因为把换行符与其他文字区分开来，所以代码变得更加清晰易读。

9.1.3 输入文本

输入文本的属性与动态文本的属性基本一致，只有两处不同，在图 9-4 中用粗框标示。

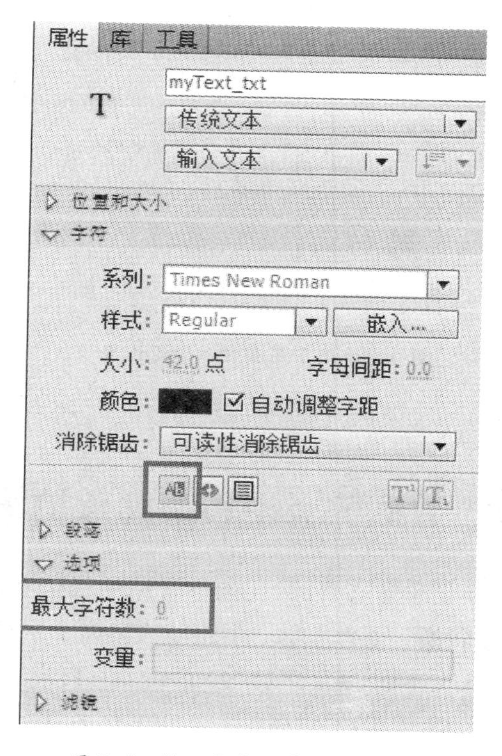

图 9-4 输入文本的特殊属性设置

其一，输入文本默认文本是可选的，这样用户在文本上按住鼠标左键并拖拽，就能选中文本了，如图 9-5 所示。

其二，输入文本属性中多了“最大字符数”，用于设置输入的字符串的最大长度。如果默认设置为“0”，表示对字符数不加限制。

此外，输入文本是需要用户在其中输入信息的，为了让其容易辨认和使用，可以为其添加背景色或者加上边框，如图 9-6 所示。

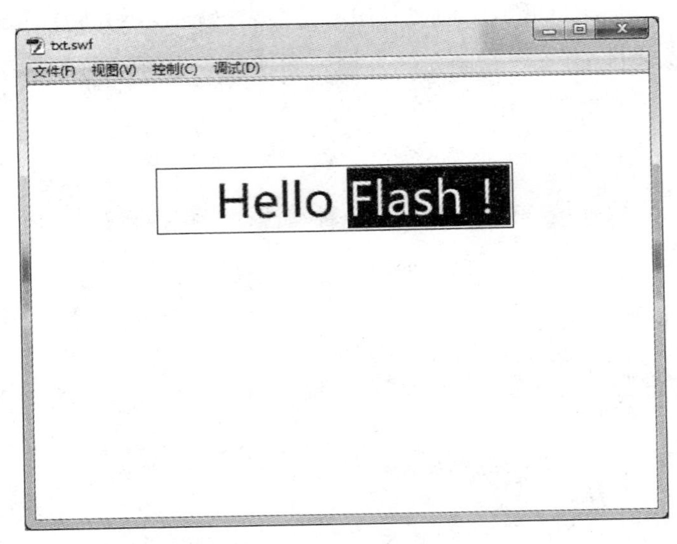

图 9-5　输入文本中可以被选中的效果

图 9-6　文本周围显示边框设置项

9.2　数据的类型转换和数值运算

程序中数据类型的转换是非常必要的，比如最常见的就是字符串类型(String)与数值类型(Number)之间的类型转换。下面先看一个简单的实例。

在舞台上添加一个输入文本框，实例名称为 input_txt；再添加一个动态文本框，实例名称为 output_txt；最后添加一个按钮，实例名称为 count_btn。

增加一层 code 层，添加代码如下：

```
count_btn.addEventListener(MouseEvent.CLICK,onCal);
function onCal(e:MouseEvent)
{
    output_txt.text = input_txt.text+4;
}
```

本例是将输入后的值加 4 后显示在输出框中，如输入 2，则应输出 6。但是测试上面的影片后发现，输出的并不是 6，而是 24，如图 9-7 所示。实际上，如果输入的不是数字，则输出的结果是在字符串后加 4。

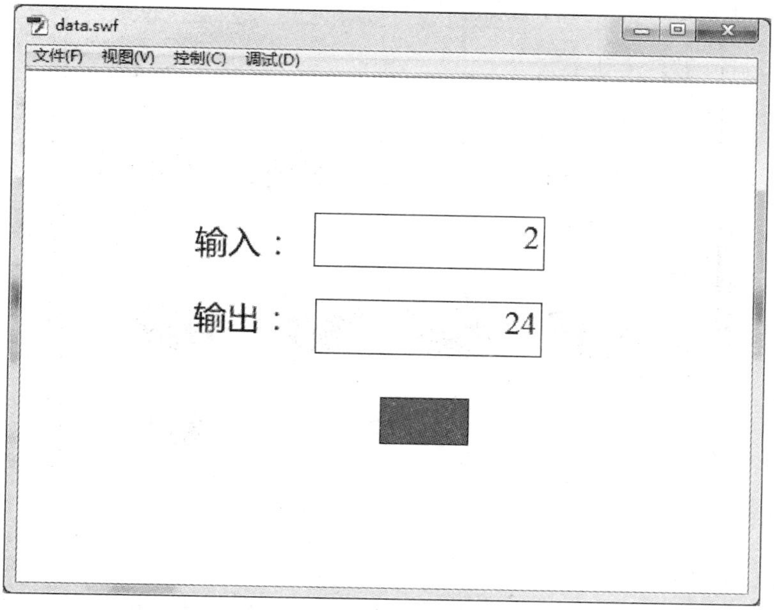

图 9-7 运行效果

出现这样效果的主要原因是输入文本获取的数据都是字符串类型，而不是数值类型，因此，要进行数学运算。首先要把字符串转换成数值，运算后，再将运算结果转换成字符串显示在输出文本框中。将字符串转换为数值，AS 3.0 中提供了一个函数 Number()；将数值转换为字符串，AS 3.0 提供两个函数，一个是 String()，另一个是 toString()。修改本例中的代码如下：

```
output_txt.text = String(Number(input_txt.text) + 4);
或者 output_txt.text = (Number(input_txt.text) + 4).toString();
```

注意：

数值已经可以通过"＋"号来进行数学运算，字符串用"＋"号，则表示是两个字符串之间的连接，即把两个或多个字符串连接成一个字符串。

9.3 数据交互实例

项目名称：计算器。运行效果如图 9-8 所示。

设计要求：输入两个数据后，通过点击加减乘除四个按钮进行运行，得出的结果显示在文本框中，通过清除按钮清除原先的数据。

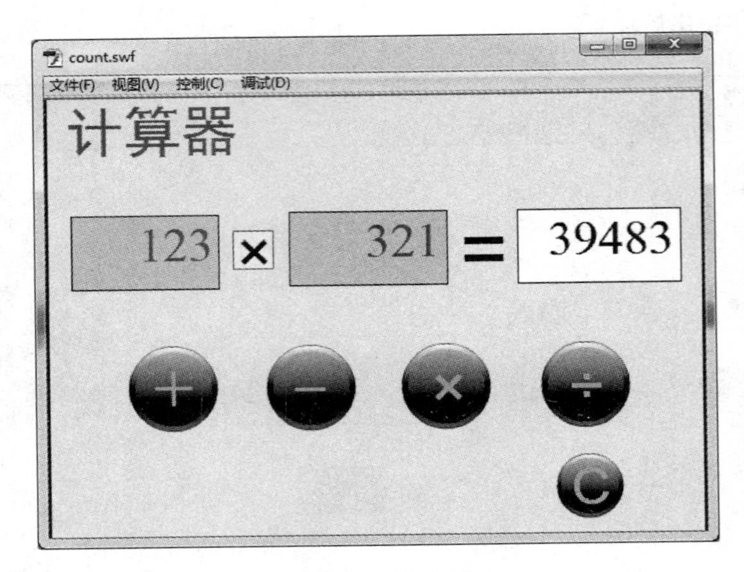

图 9-8 运行效果

制作步骤：

(1) 新建一个 fla 文件，命名为 count。在舞台上创建一个静态文本框，写入“计算器”；创建两个输入文本框，实例名称分别为 a_txt 和 b_txt，可以输入计算数据，为其设置边框；创建一个动态文本框，实例名称为 c_txt，用于显示计算结果，也为其设置边框。

(2) 制作好一个按钮元件 button，拖动到舞台上 5 次，分别给 5 个实例命名为 add_btn、minus_btn、multi_btn、divide_btn、clear_btn，然后通过在按钮上创建静态文本，显示按钮的功能。

(3) 在点击按钮时，数据之间的运算符显示通过创建名为 fuhao_mc 的影片剪辑来实现。影片剪辑的时间轴上共有 5 帧，第一个关键帧显示加号，第二个关键帧显示减号，第三个关键帧显示乘号，第四个关键帧显示除号，第五帧是空白帧，用于初始显示和清除后的显示，如图 9-9 所示。

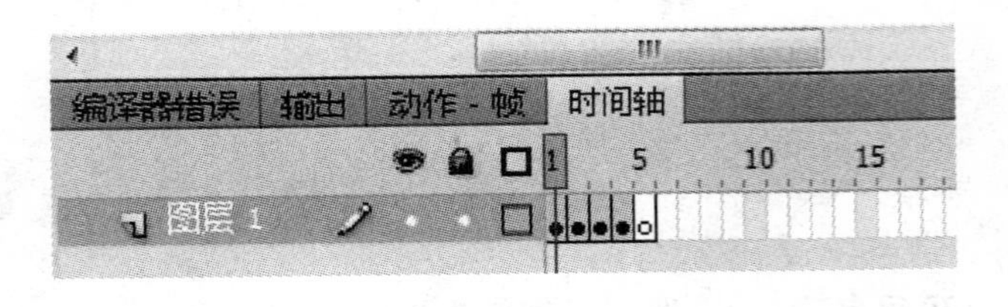

图 9-9 符号影片剪辑中的动画

(4) 在主时间轴上新建一层代码层，添加代码如下：

```
a_txt.backgroundColor=b_txt.backgroundColor=0xcccccc;
addEventListener(MouseEvent.CLICK,onClickHandler);
fuhao_mc.gotoAndStop(5);
function onClickHandler(e:MouseEvent):void
{
    switch (e.target)
    {
    case add_btn :
        fuhao_mc.gotoAndStop(1);
        c_txt.text=String(Number(a_txt.text)+Number(b_txt.text));
        break;
    case minus_btn :
        fuhao_mc.gotoAndStop(2);
        c_txt.text=String(Number(a_txt.text)-Number(b_txt.text));
        break;
    case multi_btn :
        fuhao_mc.gotoAndStop(3);
        c_txt.text=String(Number(a_txt.text)*Number(b_txt.text));
        break;
    case divide_btn :
        fuhao_mc.gotoAndStop(4);
        c_txt.text=String(Number(a_txt.text)/Number(b_txt.text));
        break;
    case clear_btn :
        fuhao_mc.gotoAndStop(5);
        a_txt.text = b_txt.text = c_txt.text = "";
        break;
    default :
    }
}
```

代码说明：

- a_txt.backgroundColor=b_txt.backgroundColor=0xcccccc 是将两个输入文本字段的背景设置为浅灰色，以便于辨认。backgroundColor 是 TextField 类的一个属性，颜色由一个十六进制的颜色码表示。

- c_txt.text=String(Number(a_txt.text)+Number(b_txt.text))是将从两个输入文本框 a_txt 和 b_txt 中获取的字符串转换为数值后进行加法运算，将运算结果再转换为字符串类型后放入动态文本框 c_txt 中。

- a_txt. text = b_txt. text = c_txt. text = ""是将三个文本框中的内容清空，由于是字符串类型，所以用两个双引号表示。

☜知识扩展：

- 在一进入交互界面的时候，光标就停留在第一个输入框中的代码如下：

```
stage.focus = a_txt;
```

- 数据输入的时候会有限制，不能输入除“0～9”之外的字符。可以使用 restrict 属性限制输入的数字或字母的范围，此时需要在引号内用破折号将范围内的首字符与尾字符连接起来。

```
a_txt.restrict = "0-9";
b_txt.restrict = "0-9";
```

还可以设置只允许输入所有的大写字母，使用“A-Z”，限制输入小写字母，使用“a-z”。

9.4 数　　组

9.4.1 数组的定义

数组是 AS 程序设计中非常重要的数据结构之一。如果说变量是内存中存储数据的容器，那么数组就是存储多个变量的大容器，是一组具有相同特性变量的集合。

使用数组可以将一系列数据有序地组织起来，进行批量的处理和操作。数组不仅可以存储数字，还可以存储字符串，甚至是影片剪辑的实例名或者其他 Object 对象名。

AS 3.0 中提供了数组类 Array，它也是 Object 类的子类。使用 Array 类可以访问和操作数组。

声明数组的方法有如下三种方式：

(1) var 数组名:Array=new Array()

　　//不指定任何参数，创建长度为 0 的数组。

(2) var 数组名:Array=new Array(length)

　　//指定长度，创建元素个数为 length 的数组。

(3) var 数组名:Array=new Array(元素 1，元素 2，元素 3，…，元素 n)

　　//使用“元素列表”参数创建具有特定值的数组。

(4) var 数组名:Array=[元素 1，元素 2，元素 3，…，元素 n]

var myArray:Array=new Array(3)；

声明了一个含有 3 个元素的数组，但没有定义。可以单独定义数组元素：

```
myArray=[1,2,3];
```

访问数组中的元素需要使用方括号[]运算符，比如：

```
trace("myArray[2]="+myArray[2]);
```

方括号中标明的是数组的索引，索引是从零开始的整数，这意味着数组中的第一个元素为 [0]，第二个元素为 [1]，依此类推。因此，上面例子输出的结果是

```
myArray[2]=3。
```

9.4.2 数组的属性和方法

数组属性只有一个 length，用于表示数组的长度，即元素的个数。

```
var myCourse:Array=new Array("计算机图像处理","原画设计","数字设计基础","设计素描");
trace("学生的课程共有:"+myCourse.length+"门。")
```

输出结果：

```
学生的课程共有:4 门。
```

Array 类中定义了丰富的方法，如添加、删除、查找、截取等。使得对数组的操作非常实用和灵活，如表 9-1 所示。

表 9-1 Array 类的常用方法

类型	方法	使用说明
查找	indexOf	目标数组.indexOf(要查找的元素)； 目标数组.indexOf(要查找的元素，查找的起始位置)； 使用全等运算符（===）从左到右搜索数组中的项，并返回该项的索引位置(查不到会返回−1)
增删	push	数组.push(元素)； 数组.push(元素 1，元素 2，…，元素 n)； 数组尾部增加元素，可以添加多个元素，元素间以逗号隔开，函数返回值是增加元素后的数组长度
	pop	数组.pop()； 删除数组的最后一个元素，函数返回值就是那个被删的元素
	unshift	数组.unshift(元素)； 数组.unshift(元素 1，元素 2，…，元素 n)； 数组开头增加元素，可以添加多个元素，元素间以逗号隔开，函数返回值是增加元素后的数组长度
	shift	数组.shift()； 删除数组的第一个元素，函数返回值就是那个被删的元素。shift 删除队首元素后，其他元素索引自动减 1

（续表）

类型	方法	使 用 说 明
增删	splice	删除指定位置的元素并添加新元素。有以下四种方式： • 数组.splice(索引)：删除索引位置后所有元素； • 数组.splice(索引，数目)：删除索引位置后指定数目的元素； • 数组.splice(索引，数目，新元素 1，新元素 2，…，新元素 n)：删除索引处指定数目元素后，插入指定新元素； • 数组.splice(索引，0，新元素 1，新元素 2，…，新元素 n)：不删除，相当于在索引位置后插入指定新元素； splice 的返回值是包含删除元素的数组
截取	slice	数组.slice(起始索引，终点索引)； 可以获取数组中一段连续的元素，而不改变原有数组的内容。也就是说从原有数组复制一部分数组出来组成一个新数组；返回值是截取的元素组成的新数组，新中包括起点索引的元素，但不包括终点索引的元素
连接	concat	数组.concat(参数 1，参数 2，…，参数 n)； 将指定的元素与原来的数组连接，返回一个拼接到末尾的新数组，不改变原有数组
反转	reverse	数组.reverse()； 把现有的数组的顺序完全倒过来
转换	join	将数组中的元素转为字符串，在元素之间插入指定分隔符，返回字符串

例如：

```
var number_array:Array = [102,123,134];
trace(number_array.indexOf(123));  //输出:1
var my_array:Array = ["aa","bb","cc"];
trace(my_array.push("dd","ee"));   //输出:5
trace(my_array);  //输出:aa,bb,cc,dd,ee
trace(my_array.pop());  //输出:ee
trace(my_array);  //输出:aa,bb,cc,dd
trace(my_array.unshift ("a","b"));  //输出:6
trace(my_array);  //输出:a,b,aa,bb,cc,dd
trace(my_array.shift());  //输出:a
trace(my_array);  //输出:b,aa,bb,cc,dd
trace(my_array.splice(2,2)); //输出:bb,cc
trace(my_array) ; //输出:b,aa,dd
trace(my_array.splice(1,2,"ee","ff","gg"));  //输出:aa,dd
trace(my_array);  //输出:b,ee,ff,gg
trace(my_array.slice(1,3));  //输出:ee,ff
```

```
trace(my_array);   //输出:b,ee,ff,gg
trace(my_array.concat("hh","ii","jj"));   //输出:b,ee,ff,gg,hh,ii,jj
trace(my_array);   //输出:b,ee,ff,gg
trace(my_array.reverse());   //输出:gg,ff,ee,b
trace(number_array.join("—"));   //输出:102—123—134
trace(number_array.length);   //输出:3
```

清空数组可以使用以下方法:

(1) array.length=0;

(2) array=[]或 array=new Array();

(3) array.splice(0);

(4) 遍历后,array.pop();

例如:

```
var myArr:Array = ["a","b","c"];
for (var i:int=myArr.length-1; i>=0; i--)
{
    myArr.pop();
}
```

(5) 遍历后,array.shift();

第10章 缓动类

缓动(Easing)就是将对象(通常指 Sprite 或 MovieClip)从某一点滑动到目标点并停止,使动画看起来更逼真。

如果物体沿着固定的速度和方向运动,到达目标点后立即停止。这种方法用于表现物体撞墙的情景比较合适。通常物体移动到目标点的过程,就像是某个人明确地知道他的目的地,向着目标有计划地前进一样,起初运动的速度很快,而临近目标点时,速度就开始慢下来。换句话说,它的速度向量与目标点的距离是成比例的。又如我们开车回家,当离家还有几千米的距离时,要全速前进,当离开马路开进小区时速度就要稍微慢一点儿;当还差两座楼时就要更慢一点儿;在进入车库时,速度也许只有几迈;当进入停车位时速度还要更慢些,在还有几英尺的时候,速度几乎为零。就像关门、推抽屉一样,开始的速度很快,然后逐渐慢下来,这种运动就是缓动。在使用缓动使物体归位时,运动显得很自然。

缓动运动时,速度与距离成正比,离目标越远,物体运动速度越快。当对象与目标点非常接近时,速度几乎为零。它涉及以下三点:

(1) 需要一个目标点;

(2) 确定到目标点的距离;

(3) 成比例地将对象移动到目标点——距离越远,移动速度越快。

缓动的种类不止这一种。在 Flash IDE 中,用户制作补间动画时,可以看到“缓动输入”(ease in) 和“缓动输出”(ease out)项。缓动的类型与运动补间的“缓动”相似。

缓动不仅限于运动,还可以实现影片剪辑淡入淡出效果等。当然也可以是一个影片剪辑向着另一个影片剪辑缓动。在早先时候,鼠标追踪者(mouse trailers),即一串影片剪辑跟踪着鼠标的效果曾经风靡一时。缓动就是制作这种效果的方法之一。第一个影片剪辑缓动到鼠标上,第二个影片剪辑缓动到第一个影片剪辑上,第三个再缓动到第二个上,依此类推。

本章的例子程序主要是计算影片剪辑的属性值,通常使用 x,y 属性控制物体的位置。影片剪辑以及各种显示对象还有很多其他可以操作的属性。比如透明度,即将缓动用在 alpha 属性上。开始设置为 0 ,目标设置为 1 ,在 Event.ENTER_FRAME 事件处理函数中,使用缓动可以实现影片剪辑淡入效果。实现代码如下:

```
ball.alpha = 0;
var targetAlpha:Number = 1;
stage.addEventListener(Event.ENTER_Frame, fnEnterFrame);
function fnEnterFrame(e:Event):void{
    ball.alpha += (targetAlpha - ball.alpha) * easing;
}
```

若将 0 和 1 颠倒过来就可以实现影片剪辑的淡出效果。

Flash 自带有 Tween 缓动类。但 Tween 类无法满足开发人员对“缓动”的要求。因为在实际应用中，对缓动控制的要求非常具体且严格。一些情况下，开发者需要“缓动”类必须能够精确控制动画效果以及与之联系的各种逻辑函数。另外一些情况，则需要对“缓动”进行抽象，还原为数学模型。在极端情况下，一个数值的变化也可以归纳入“缓动”的范围内。

在原有语言的基础上，一些开发人员使用 ActionScript 3.0 开发了更为强大的缓动类，其中较有代表性的包括 Tweener、gTween、TweenLite 和 KitchenSync 等。本章将以经典的 Greensock 为例详细介绍高级缓动类。

说到“高级”，并不是上述第三方类库有技术上的突破和进步，事实上它们还是基于 ActionScript 3.0 的。只不过他们在实现方式和复杂程度上都更加贴近用户，更便于实现和控制，因此受到了很多开发人员的青睐。

10.1 flash AS 3.0 自带的 Tween 类

Tween 类，是 flash AS3.0 自带的缓动类，是安装 Flash 创作环境时一同安装的类库的一部分。“Tween”字面的意思是实现补间动画。Tween 类使用户能够使用 ActionScript，通过指定目标影片剪辑剪辑的属性在若干帧数或秒数中具有动画效果，从而对影片剪辑剪辑进行移动、调整大小和淡入淡出操作。它是 Adobe 公司为用户开发的一套可以轻松实现运动效果的类，而不需要用户自己编写代码去计算实现实例的缓动、弹性运动等。

Tween 类包位于 fl. transition. * 中。包中类效果的原理都是监听 ENTER_FRAME 事件的。在动画播放时，按帧频改变目标的属性，从而产生动画的效果。负责动画的核心类是 Tween 类。实现物体运动时用 Tween 类会更加省事。缓动函数 easingFunction 是基于 Robert Penner 的缓动公式。

10.1.1 构造函数

Tween 的工作方式是：首先创建一个 Tween 类的实例，传入一个对象引用和该对象上某个属性的名称；一个缓动函数，该属性的一个起始值和结束值，以及一个持续时间。Tween 类的构造函数如下：

```
new Tween (object,property,easingFunction,begin,finish,duration,useSeconds);
```

参数中的 object 可以是任意至少拥有一个数字属性的对象。property 参数是一个字符串，表示要改变的属性的名称。比如要改变一个 Sprite 的 x 属性，这个参数就是"x"(包括双引号)。

easingFunction 参数是 flash. transitions. easing 包中定义好的某个缓动类的一个方法。这个方法将在后面详细介绍。

begin 和 finish 都是数值。当缓动开始的时候，对象要变动的属性将被设置为 begin 这个值。缓动结束后，该属性就会变成 finish 的值。

默认情况下，duration 参数给出的是补间动画运行的帧数。最后一个参数 useSeconds 是一个标志，指定是否使用秒数而不是帧数。默认值是 false，表示补间会 duration 的值当作帧数使用。但是如果把最后一个参数设为 true，duration 的值就会被当作秒数计算。

通过下面的例子来看看效果(该例子在 FlashTween. As 文件中)：

```
import flash.text.TextField;
import fl.transitions.Tween;
import fl.transitions.easing.Elastic;

var myText:TextField = new TextField();
myText.text = "Tween缓动.";
this.addChild(myText);

var xTween:Tween = new Tween(myText,"x",Elastic.easeOut,1,300,6,true);
```

用粗体显示的代码就是创建缓动的代码。

运行结果：文本"Tween 缓动. "在舞台上沿 x 轴(从左到右)运动，在 6 秒钟内从 1 像素移动到 300 像素。在运动的结尾部分采用了弹性缓动方法。

代码解释：

```
//首先导入类和 Tween 类中的 easing.Elastic 方法
import fl.transitions.Tween;
import fl.transitions.easing.Elastic;
//实现缓动的代码
var xTween:Tween = new Tween(myText,"x",Elastic.easeOut,1,300,6,true);
```

最后这条语句使用了 Tween 类的构造函数创建了 Tween 类的一个新实例，其中：

括号里的参数分别代表实例名、变化的属性、运动方法、开始属性值、结束属性值、持续时间、持续时间按秒(true)或帧(false)来计时。

运动方法有 6 类：Strong、Back、Elastic、Regular、Bounce、None。

每一类都有 4 种方法：easeIn、easeOut、easeInOut、easeNone。类和方法可以自由组合，

产生不同的效果。

值得注意的是，当多个 tween 在一起使用的时候，会出现等待现象。

10.1.2 缓动运动方法

在上例中，使用的缓动方法是 Elastic. easeOut。实际上，这个缓动方法确定了使用哪种形式来完成动画的缓入缓出。也就是说，如果在做一个对象位移的补间，这个参数会决定它用多久从静止变为全速，然后用多久减速停止在目标位置。

在 fl. transitions. easing 包里有 6 个这样的类：

(1) Back(返回)：将动画扩展到过渡范围的一端或两端之外一次，以模拟溢出后回拉的效果。

(2) Bounce(回弹)：在过渡范围的一端或两端内添加回弹效果。产生类似一个球落向地板又弹起后，几次逐渐减小的回弹运动。弹跳数与持续时间相关，持续时间越长，弹跳数越多。

(3) Elastic：添加一端或两端超出过渡范围的弹性效果。弹性量不受持续时间影响。其中的运动由按照指数方式衰减的正弦波来定义。

(4) Regular ：在一端或两端添加较慢的动作。此功能可以添加加速效果、减速效果或这两种效果。

(5) Strong：在一端或两端添加较慢的动作。此效果类似于 Regular 缓动类，但它更明显。

(6) None：添加从开始到结尾的无任何减速或加速效果的匀速运动。此过渡也称为线性过渡。

每个类都有三种方法。

这六种缓动运动类的每一种都有以下三个缓动方法：

(1) easeIn 方法控制补间如何从开始到最高速度。在过渡的开始提供缓动效果。

(2) easeOut 方法控制补间减速并停在目标位置。在过渡的结尾提供缓动效果。

(3) easeInOut 方法同时通知上述二者。在过渡的开始和结尾都提供缓动效果。

None 类还另外有一个 easeNone 方法。easeNone 不使用缓动效果，只在 None 缓动类中提供。

这些方法在内部被 Tween 类自动调用，不需要亲自执行他们。只要把方法当作一个参数传递给补间的构造函数就行了。

上面的实例中使用了缓动类 Elastic 中的 easeOut 方法。

下面来看看其他的方法。先试试 regular。这个类创建的缓动效果跟在 Flash 时间线上做补间动画时，把面板上的 ease in 或 ease out 的选项调到 100%是一模一样的。把生成补间的那行代码改为

```
tween = new Tween(sprite, "x",Regular. easeIn,100,500,1,true);
```

现在会看到 sprite 缓缓开始运动，加速，突然停止在终点。如果换用 Regular. easOut，

则会看到它一开始就快速运动，慢慢减速，停在目标位置。试试 Regular. easeInOut，它包含了加速和减速。这种效果就比较专业了，适用于各种界面元素的移动效果。当然，可以继续试着改变其他参数。改改 duration 或者 start 和 finish 参数。也可以给别的属性做一个补间缓动，比如 rotation。或 alpha 从 0 变到 1，即

```
tween = new Tween(sprite, "alpha ",Regular.easeInOut,0,1,1,true);
```

缓动类 Strong 的缓动跟 Regular 一样，但效果更显著。Elastic 类在加速和减速时会产生类似弹簧的效果。把 duration 参数改大一点会看得更清楚：

```
tween = new Tween(sprite, "x",Elastic.easeInOut,100,800,3,true);
```

Bounce 类也会产生弹性效果，但如同一个物体在坚硬表面上反弹的效果。

```
tween = new Tween(sprite, "x",Bounce.easeInOut,100,800,3,true);
```

Back 类在补间开始前会让物体向反方向运动一段，然后冲过目标点，再移动回来。

```
tween = new Tween(sprite, "x",Back.easeInOut,100,800,3,true);
```

10.1.3 触发的事件

Tween 对象一旦初始化，动画就开始了。Tween 类补间动画可以触发 6 种事件，如表 10-1 所示。

表 10-1 Tween 类补间动画触发的 6 种事件

事件名称	何时触发
MOTION_CHANGE	Tween 已更改并且屏幕已更新
MOTION_FINISH	Tween 已到达结尾并已完成
MOTION_LOOP	Tween 在循环模式中已从头开始重新播放
MOTION_RESUME	Tween 在暂停后继续播放
MOTION_START	动画已经开始播放
MOTION_STOP	显式调用 Tween. stop()，Tween 已停止

最常用的是 TweenEvent. MOTION_FINISH。Tween 动画一结束，就会触发该事件。下面是 AS 3.0 的源代码：

```
import flash.display.Sprite;
import flash.display.*;
import flash.text.TextField;
import fl.transitions.Tween;
import fl.transitions.easing.Elastic;
import fl.transitions.TweenEvent;
```

```
var myText:TextField = new TextField();
myText.text = "Tween缓动.";
this.addChild(myText);

var xTween:Tween = new Tween(myText,"x",Elastic.easeOut,1,100,2,true);
xTween.addEventListener(TweenEvent.MOTION_FINISH, continueMove);
function continueMove(evt:TweenEvent):void
{
    var tmpTween:Tween = evt.target as Tween;
    if (myText.x > 300)
    {
        tmpTween.yoyo();
    }
    else
    {
        tmpTween.continueTo(myText.x + 50, 1);
    }
}
```

运行结果分析：

分析缓动次数以及每次缓动结束后的 x 坐标值，填入表 10-2 中。

表 10-2 每次缓动对应的代码

次序	对应代码	结束后的 x 坐标值
1	Tween(myText,"x",Elastic.easeOut,1,100,2,true)	100
2	tmpTween.continueTo(myText.x + 50, 1)	150
3	tmpTween.continueTo(myText.x + 50, 1)	200
4	tmpTween.continueTo(myText.x + 50, 1)	250
5	tmpTween.continueTo(myText.x + 50, 1)	300
6	tmpTween.continueTo(myText.x + 50, 1)	350
7	tmpTween.yoyo();	300
8	tmpTween.continueTo(myText.x + 50, 1)	350
9	tmpTween.yoyo();	300
10	tmpTween.continueTo(myText.x + 50, 1)	350
11	……	

代码解读：

continueTo()方法：指示补间动画从当前动画点继续补间到一个新的结束和持续时间点。

```
public function continueTo(finish:Number, duration:Number):void
```

参数：

finish:Number ——一个数字，指示要补间的目标对象属性的结束值。

duration:Number ——一个指示补间动画的时间长度或帧数的数字。如果 Tween. start() useSeconds 参数设置为 true，则以时间长度为度量单位；如果设置为 false，则以帧数为度量单位。

yoyo()方法：指示补间动画按与其补间属性最后一次增加的方向相反的方向播放。如果在 Tween 对象的动画完成之前调用此方法，则该动画将立即跳至其播放末尾，然后从该点以相反方向播放。通过在 TweenEvent. MOTION_FINISH 事件处理函数中调用 Tween. yoyo() 方法，可以获得动画完成其整个播放后反转其整个播放的效果。此过程可确保 Tween. yoyo() 方法的反转效果直到当前补间动画完成后才会开始。

再看一个例子，代码如下：

```
import fl.transitions.Tween;
import fl.transitions.easing.*;
up_btn.addEventListener(MouseEvent.MOUSE_DOWN,ballUp);
down_btn.addEventListener(MouseEvent.MOUSE_DOWN,ballDown);
function ballDown(Event:MouseEvent):void
{
    var mytween1:Tween = new
        Tween(ball_mc,"y",Elastic.easeOut,ball_mc.y,300,3,true);
}
function ballUp(Event:MouseEvent):void
{
    var mytween2:Tween = new
        Tween(ball_mc,"y",Elastic.easeOut,ball_mc.y,60,3,true);
}
```

10.1.4 多重补间和补间序列

第一个实例运行得非常好，但是它只改变了一个对象的一个属性。如果只需要改变某个对象的单个属性，而且补间都是相互独立的，那么目的已经达到了。但实际上常常需要改变对象的多个属性（至少是 x，y 坐标）。有时还需要在一个补间完成后马上启动另一个补间。

多个补间同时发生称为多重补间(parallel tweens)或组合补间，一个接一个发生的补间称为补间序列(tween sequences)。

多重补间在 Flash Tween 类里非常容易实现，只要对改变的对象的相应属性生成补间就可以了。如需要一个对象同时沿着 x 轴和 y 轴移动，就做以下两个补间：

```
tween1 = new Tween(sprite, "x", Regular.easeInOut, 100, 800, 3, true);
tween2 = new Tween(sprite, "y", Regular.easeInOut, 100, 400, 3, true);
```

需要多少补间就可以制需要几个属性就制造多少个补间，不需要使用相同的缓动方法或者同样的时间。就像这样：

```
tween1 = new Tween(sprite, "x", Regular.easeInOut, 100, 800, 3, true);
tween2 = new Tween(sprite, "y", Regular.easeInOut, 100, 400, 3, true);
tween3 = new Tween(sprite, "rotation", Strong.easeInOut, 0,360,4, true);
```

注意旋转补间(tween3)使用了 Strong 缓动类并且历时 4s，而 x，y 轴的补间使用了 Regular 缓动类和 3s。另外还要注意的是，在需要多个补间的情况下，我们定义了新的变量来保存这些补间。

```
private var tween1:Tween;
private var tween2:Tween;
private var tween3:Tween;
```

补间序列要更复杂一点。要等前一个补间结束再开始下一个。要实现这个操作，就要监听补间何时结束的事件(TweenEvent. MOTION_FINISH 事件)。假设想要刚才的 3 个补间一个接一个地执行，而不是同时开始。下面的代码给出了一个简单的实例(FlashTween Sequence. as)：

注意：

Fla 文件的属性设置：尤其是“大小”属性，小了不能显示所有效果。

```
package {
        import fl.transitions.Tween;
        import fl.transitions.TweenEvent;
        import fl.transitions.easing.Regular;
        import fl.transitions.easing.Strong;

        import flash.display.Sprite;
        import flash.display.StageAlign;
        import flash.display.StageScaleMode;

        [SWF(backgroundColor=0xffffff)]
```

```
public class FlashTweenSequence extends Sprite
    {
        private var tween1:Tween;
        private var tween2:Tween;
        private var tween3:Tween;
        private var sprite:Sprite;

        public function FlashTweenSequence()
        {
            stage.scaleMode = StageScaleMode.NO_SCALE;
            stage.align = StageAlign.TOP_LEFT;

            sprite = new Sprite();
            sprite.graphics.beginFill(0xff0000);
            sprite.graphics.drawRect(-50, -25, 100, 50);
            sprite.graphics.endFill();
            sprite.x = 100;
            sprite.y = 100;
            addChild(sprite);

        tween1 = new Tween(sprite, "x", Regular.easeInOut, 100, 800, 3, true);
        tween1.addEventListener(TweenEvent.MOTION_FINISH, onTween1Finish);
        }
    private function onTween1Finish(event:TweenEvent):void
    {
        tween2 = new Tween(sprite, "y", Regular.easeInOut, 100, 400, 3, true);
        tween2.addEventListener(TweenEvent.MOTION_FINISH, onTween2Finish);
    }

    private function onTween2Finish(event:TweenEvent):void
    {
        tween3 = new Tween(sprite, "rotation", Strong.easeInOut, 0, 360, 4, true);
    }
    }
}
```

上例中创建了第一个补间后，立即添加了对 MOTION_FINISH 时间的监听器。当 Tween1 结束时，创建了第二个补间并监听相同的事件。事件激发后又创建了第三个补间。

这个例子很简单,但是在更严谨的项目中还需要管理这些监听器,如在不需要他们的时候进行删除,等等。

设想一下,如果有一个非常复杂的界面,有很多东西动来动去,你不得不创建非常多的事件处理器来跟踪他们之间的逻辑,这将是一场噩梦。

正是为了解决很多这样的问题,众多第三方补间引擎才应运而生。

10.2 TweenLite / Greensock 平台缓动

使用 Greensock 平台,可以使代码实现动画变成简单而有趣的事情。Greensock 包含 TweenNano、TweenLite、TweenMax 三个类,其中 TweenLite 是该平台的基石,TweenNano 是 TweenLite 的轻量级版,去掉了很多功能。对于那些对 SWF 体积要求苛刻的广告设计人员,TweenNano 是一个很好的选择;TweenMax 为 TweenLite 的增强版,拥有更强的功能(如默认激活大部分插件),因而体积比较大。

10.2.1 安装代码

登录 www. TweenLite. com 网站,单击"Download AS3"按钮下载 zip 文件包,该文件包包含整个 GreenSock 补间动画平台。解压 zip 文件,将会看到一个文件夹,其中包含一些 SWF 文件的 demo_swfs、一个帮助文档和一个 com 文件夹,这些都是非常重要的。把整个"com"文件夹拖放到与用户自己的 fla 文件相同的文件夹中。确保"com"文件夹内部的目录结构没变,内有一个"greensock"文件夹,里面有些 AS 文件和其他几个子目录。

可以删除 zip 文件中的 demo_swfs 和帮助文档 ActionScript_docs. html。唯一重要的文件都在"com"文件夹中。

当需要发布 SWF 时,Flash 会查找"com"文件夹,读取里面的代码,并嵌入到发布的 SWF。不需要把"com"文件夹放到 web 服务器上。一旦创建了 SWF,它是完全独立的,不依赖任何类文件,因为他们已经嵌入到压缩的 SWF 中了。fla 文件依赖 AS 类,而不是 SWF。

有一篇参考文章:《如何在 Flash 项目中使用扩展库》http://code. tutsplus. com/tutorials/how-to-use-an-external-library-in-your-flash-projects-active-8759,该文介绍了如何在 flash 项目中使用第三方工具,它涵盖了一些 Flash 发布中更高级的安装/配置选项。

10.2.2 基本缓动 TweenLite

导入 TweenLite 类的语句:

```
import com. greensock. TweenLite;
```

创建的每个 tween 需要一个目标(tween 的对象),tween 的持续时间(通常以 s 为单位)和 tween 的属性,以及相应的值。例如,有一个名为 mc 的电影剪辑,想要在 1.5 秒内 x 属性值 tween 到 100(在屏幕上滑动)。可以使用 TweenLite 的 to()方法来做:

```
TweenLite.to(mc, 1.5, {x:100});
```

第一个参数是目标,第二个参数是持续时间,第三参数个是对应于目标对象属性的一个或多个属性组成的对象。因为这是一个 to()的缓动,要告诉 TweenLite 从当前的 x 属性值,缓动到 100。如果想要缓动 y 属性到 200,alpha 属性到 0.5,则代码为

```
TweenLite.to(mc, 1.5, {x:100, y:200, alpha:0.5});
```

缓动的属性个数没有限制。并且 TweenLite 能 tween 任何对象的任意数值型属性,而不仅仅是 DisplayObject /电影剪辑的预置属性列表。

如图 10-1 所示的是一个交互式演示 TweenLiteBasics.as,允许构建自己的 tween,对应的代码显示在底部。

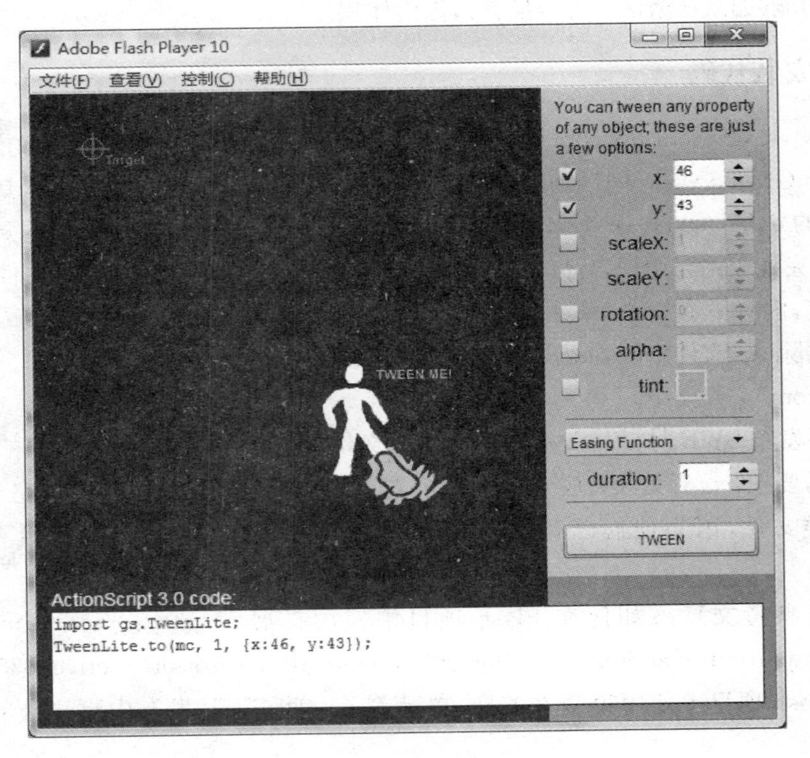

图 10-1 交互演示

设置对象的停留还有一个非常有用的 from()方法,允许定义 tween 的起始值和回退用。所以 tween 使用 from 定义的作为起始值,当前值将作为 tween 的终止值。这使得对象最终停留在舞台上某一位置非常容易。假设希望 mc 从当前位置淡入运动到 y 属性值为

200，alpha 属性值为 1，历时 1.5 秒，则代码为

TweenLite. from(mc, 1.5, {y:0, alpha:0});

如果更喜欢面向对象的方法和/或想在变量存储 tween 类的参数便于其后控制它们（如 pause()，resume()，reverse()，restart()），可以创建以下这样一个 tween（其功能同 to()）：

var myTween:TweenLite = new TweenLite(mc, 1, {x:100, y:200, alpha:0.5});

1. 特殊的属性

一个特殊的属性是保留字，TweenLite 识别和处理不同于一般属性的特殊的属性。delay 就是其中的一个，它允许从推迟到一定数量的秒后开始 tween。比如，以下这行代码将使缓动等待 2 秒后开始：

TweenLite. to(mc, 1, {x:100, delay:2});

TweenLite 能实现一些非常有用的特性，如 onComplete，ease，overwrite，paused，useFrames，immediateRender，onStart，onUpdate，onCompleteParams，等等。

你可能会经常使用两个最常见的特殊属性 ease 和 onComplete。在 tween 过程中改变速率变化，可以从许多不同的 easing 方法中选择一个。上面的互动 demo 可以选择不同的 easing 方法，看看它们是如何影响 tween 的。onComplete 的特殊属性能够使 tween 在完成后调用任何函数，这使创建一个事件链变得简单。

以下是一个使用 Elastic. easeOut 的 tween，延迟其开始时间 0.5 秒，并当它完成后调用函数 myFunction()：

```
TweenLite.to(mc, 1.5, {x:100, ease:Elastic.easeOut, delay:0.5,
        onComplete:myFunction});
    function myFunction():void {
        trace("tween finished");
    }
```

2. 使用插件

可以将插件看作为 TweenLite 能够动态添加具有额外功能的特别属性，TweenLite 默认情况下没有激活插件（TweenMax 默认为激活），当激活插件后，对 TweenLite、TweenMax 都产生作用。

使用插件首先需要导入插件，另外需要激活，将需要激活的插件传递给 activate 方法的参数数据就行了。

```
import com.greensock.plugins.*;
import com.greensock.*;
import com.greensock.easing.*;
TweenPlugin.activate([GlowFilterPlugin,AutoAlphaPlugin]);
```

```
TweenLite.to(mc, 0.5, {x:277, y:311,autoAlpha:0.9,
glowFilter:{color:0x91e600, alpha:1, blurX:30, blurY:30}, ease:Cubic.easeInOut});
```

3. *覆盖其他缓动*

默认情况下，TweenLite 将覆盖之前所有的缓动，要使 TweenLite 使用 AUTO 模式，只要加上下面的代码：

```
OverwriteManager.init(2)
```

注：上面的代码具有全局影响，如果只需要对单独的缓动使用 AUTO 模式，可使用下面的代码：

```
TweenLite.to(mc, 1, {x:100, overwrite:2});
//TweenLite.to(mc, 1, {x:100, overwrite:true});
```

4. *控制缓动*

当建立缓动后，可以使用 pause()，resume()，reverse()，play()，restart()，invalidate ()，or kill()来对它进行操作。

```
var myTween:TweenLite = new TweenLite(mc, 1, {x:100, y:100});
myTween.pause(); //暂停
myTween.resume(); //恢复
myTween.reverse(); //反转
myTween.play(); //开始
myTween.restart(); //重新开始
myTween.invalidate(); //清除初始值
myTween.kill(); //取消
TweenLite.killTweensOf(mc);//取消所有
```

代码解析：

```
import com.greensock.*;
import com.greensock.easing.*;
TweenMax.to(mc, 3, {alpha:0.5});//mc 经过 3 秒透明度变为 0.5

TweenMax.to(myButton, 2, {scaleX:1.5, scaleY:1.5, ease:Elastic.easeOut});
//mybutton 经过 2 秒扩张为原来的 1.5 倍，使用 Elastic.easeOut 动画效果

TweenMax.from(mc3, 1, {y:"-100", alpha:0});
//mc3 从相对该位置 -100 经过 1 秒运动到该位置，且透明度变为 0

TweenMax.fromTo(mc4, 1, {x:100}, {x:300, tint:0xFF0000});
```

```
//mc4 从 x 为 100 移动到 x 为 300 的地方,且颜色变换为 0xFF0000

TweenMax.to(mc, 5, {delay:3, x:300, ease:Back.easeOut, onComplete:onFinishTween, onCompleteParams:[5, mc]});
//延迟 3 秒后 mc 在 5 秒内移动到 x 为 300 的位置,动画效果为 Back.easeOut,并在完成后调用 onFinishTween 函数
function onFinishTween(param1:Number, param2:MovieClip):void {
  trace("The tween has finished! param1 = " + param1 + ", and param2 = " + param2);
}

var myTween:TweenMax = new TweenMax(mc2, 3, {y:200, repeat:2, repeatDelay:1, onComplete:myFunction});
myTween.reverse();
myTween.pause();//pause the tween
myTween.restart();//restart the tween
//make the tween jump to its halfway point
myTween.currentProgress = 0.5;
```

10.2.3 TweenLite 中的缓动函数

TweenLite 的缓动函数都是直接基于 Robert Penner 的缓动方程。它们在 gs. easing 包中,包含的类有:Back, Bounce, Circ, Cubic, Elastic, Expo, Linear, Duad, Quart, Quint, Sine 和 Strong。

每个类都有三个方法:easeIn, easeOut 和 easeInOut。像 Tween 类一样,需要通过设置类和方法选择缓动的类型:

```
tween = new TweenLite(sprite, 3, {x:800, y:400, rotation:360, ease:Elastic.easeInOut});
```

应确保导入需要的所有缓动类,或者整个 gs. easing. * 包。

设置缓动类型的另一种方法是:

```
Tween= new TweenLite(sprite, 3, {x:800, y:400, rotation:360});
tween.ease = Elastic.easeInOut;
```

10.2.4 TweenLite 的补间序列

可以通过特殊属性 overwrite 控制补间序列。

overwrite : int-当前的缓动被创建以后,通过这个参数可以限制作用于同一个对象的其他缓动,可选的参数值有:

-0 (没有): 没有缓动被重写。这种模式下,运行速度是最快的,但是需要注意避免创建

一些控制相同属性的缓动，否则这些缓动效果间将出现冲突。

-1（全部）：（这是默认值，除非 OverwriteManager. init() 被调用过）对于同一对象的所有缓动在创建时将会被完全的覆盖掉。

```
TweenLite.to(mc, 1, {x:100, y:200});
TweenLite.to(mc, 1, {x:300, delay:2}); //后创建的缓动将会覆盖掉先前创建的缓动，（可以起到这样的作用：缓动进行到一半时被中断，执行新的缓动 译者注）
```

-2（自动）：（当 OverwriteManager. init() 被执行后，会根据具体的属性值进行选择）只覆盖对同一属性的缓动。

```
TweenLite.to(mc, 1, {x:100, y:200});
TweenLite.to(mc, 1, {x:300}); //only "x" 属性的缓动将被覆盖
```

-3（同时发生）：缓动开始时，覆盖全部的缓动。

```
TweenLite.to(mc, 1, {x:100, y:200});
TweenLite.to(mc, 1, {x:300, delay:2}); //不会覆盖先前的缓动，因为每两个缓动开始时，第一个缓动已经结束了。
```

第11章 外部资源文件的载入与处理

ActionScript 3.0 应用程序最终编译为一个 SWF 文件。为了便于网络传播，声音、视频等数据都会集成在 SWF 文件中，而声音、视频等数据本身是以文件形式保存的。打包后的 SWF 文件组件齐备，不会因为传播过程而遗失文件。但如果数据量比较大，SWF 文件会变得很臃肿，而且集成在 SWF 文件内部的数据的修改和替换也变得很困难。

Flash 开发的 SWF 程序可以读取外部数据，为减少 SWF 的数据量，开发者可以视具体情况，选择性地将以文件形式存在的数据置于 SWF 之外。

当数据与 SWF 文件分离后，主程序的体积会更小，传输会更快。分离后的数据便于修改和替换。通过资源管理器等文件管理程序，可以对数据进行搜索和重命名等操作，从而改变 SWF 的运行效果。因此，开发者非常有必要掌握如何读取、分析和操作外部数据。

11.1 外部媒体资源

媒体资源数据包括文本、声音、图像、视频和其他 SWF 等类型，也可以是一种动态数据，比如从摄像头和麦克风获取的持续数据流。在开发者看来，这些类型的数据不存在区别，都是资源数据。

在 ActionScript 3.0 的代码开发中，首先要解决如何定位这些数据的问题，然后加载和传输所需的数据，最终根据应用的种类，将数据交给适当的类处理。

UILoader 组件可以把 SWF、JPG、PNG 和 GIF 等文件加载到 Flash 项目中，文本文件可以用 URLLoader 类来加载。

11.2 声　音

声音是吸引用户最有效的手段之一。通过在 Flash 项目中用 ActionScript 实现音频效果，可以明显改善用户体验。无论是在用户与界面交互时使用简单的音效，还是在游戏里提供完整的交互音乐背景，ActionScript 3.0 都能让用户沉浸在一个互动的音响环境之中。

在 ActionScript 3.0 中，声音播放和控制的类主要集中在 flash. media 包中。其中，最常用的声音类有：Sound，SoundChannel，SoundTransform。它们协同工作，实现对单个声音文件的控制。

Flash 文档中添加声音有以下三种方式：

(1) 导入库并拖入舞台，运行时自动播放声音。

(2) 导入库但不拖入舞台，设置其属性作为为 ActionScript 导出的类，代码控制其创建和播放，即嵌入声音。

(3) 不导入到库，用代码直接调用外部声音文件。

对于用作用户界面中指示器的较小声音(如在单击按钮时播放的声音)，使用嵌入声音非常有用(而不是从外部文件加载声音)。

在应用程序中嵌入声音文件时，生成的 SWF 文件大小比原来增加了声音文件的大小。也就是说，如果在应用程序中嵌入较大的声音文件，可能会使 SWF 文件增大到难以接受。因此将声音文件嵌入到应用程序的 SWF 文件中的具体方法因开发环境而异。

11.2.1 嵌入声音的处理

Flash 创作工具可导入多种声音格式的声音，并将其作为元件存储在库中。然后将其分配给时间轴上的帧或按钮状态的帧，通过行为来使用声音，或直接在 ActionScript 代码中使用它们。本节说明如何在 ActionScript 代码中通过 Flash 创作工具来使用嵌入声音。

要在 Flash 影片中嵌入声音文件，请执行以下操作：

(1) 选择“文件”→“导入”→“导入到库”，然后选择一个声音文件并导入它。

(2) 在“库”面板中，右键单击导入声音文件的名称，选择“属性”。出现如图 11-1 所示对话框，勾选“为 ActionScript 导出”复选框。

(1) 在“类”字段中，输入一个名称，以便在 ActionScript 中引用此嵌入声音时使用。默认情况下，它将使用声音文件的名称。如果文件名包含句点和空格(如名称 Sleep Away. mp3)，则必须将其更改为类似于 sdSleepAway 这样的名称。因为 ActionScript 不允许在类名称中出现句点和空格字符。“基类”字段显示 flash. media. Sound，不必改动。

(2) 单击“确定”。可能出现一个如图 11-2 所示的对话框，指出无法在类路径中找到该类的定义，将在导出时自动在 SWF 文件中生成相应的定义。单击“确定”以继续。如果输入的类名称与应用程序的类路径中任何类的名称都不匹配，则会自动生成从 flash. media. Sound 类继承的新类。

(3) 要使用嵌入声音，应在 ActionScript 中引用该声音的类名称 sdSleepAway。

例如，ActionScript 引用嵌入声音类名，控制声音的播放。

首先，选用素材中的 Sleep Away. mp3 导入到库，设置其声音属性，类名输入 mySound，其他不变。然后，输入代码：

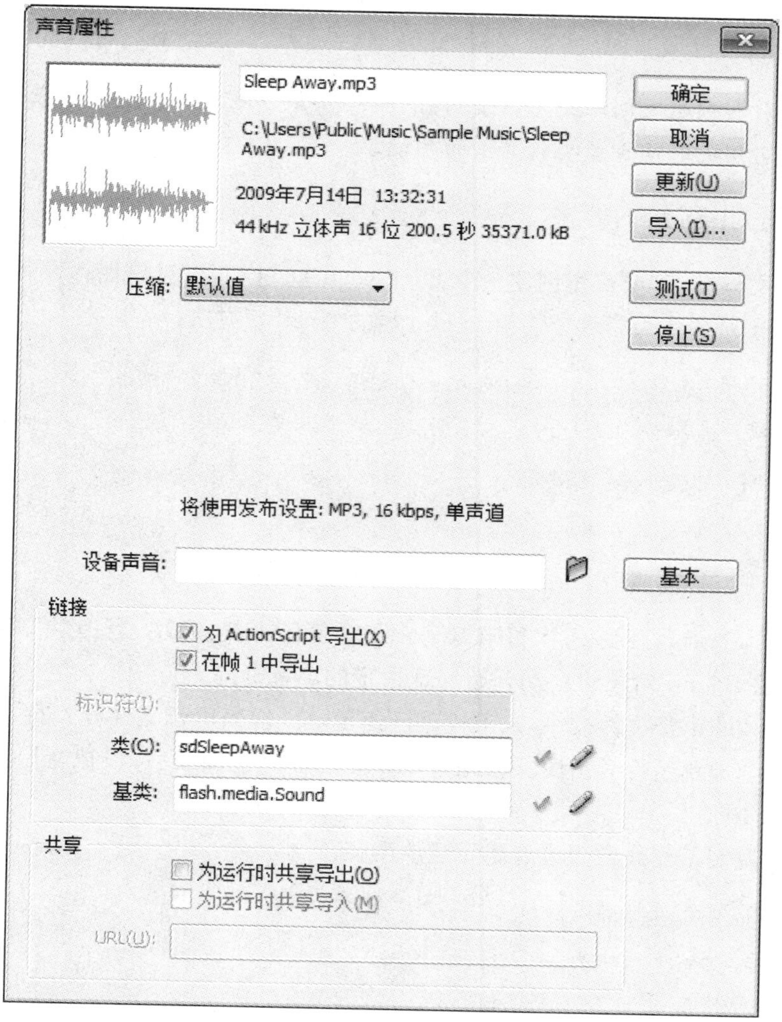

声音属性

Sleep Away.mp3

C:\Users\Public\Music\Sample Music\Sleep Away.mp3

2009年7月14日 13:32:31

44 kHz 立体声 16 位 200.5 秒 35371.0 kB

确定
取消
更新(U)
导入(I)...

压缩: 默认值

测试(T)
停止(S)

将使用发布设置: MP3, 16 kbps, 单声道

设备声音:

基本

链接

为 ActionScript 导出(X)
在帧 1 中导出

标识符(I):
类(C): sdSleepAway
基类: flash.media.Sound

共享

为运行时共享导出(O)
为运行时共享导入(M)
URL(U):

图 11-1　声音属性设置

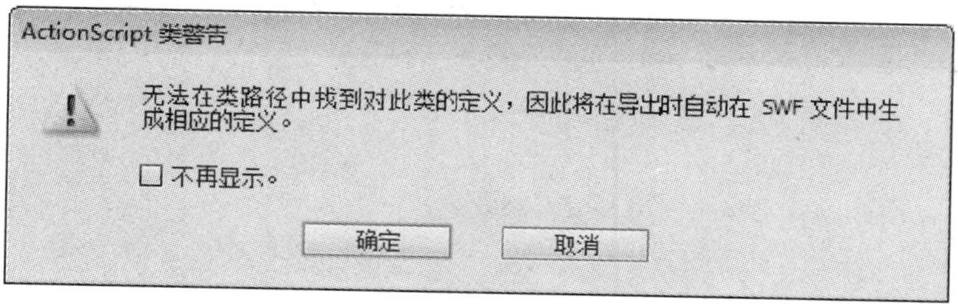

ActionScript 类警告

无法在类路径中找到对此类的定义，因此将在导出时自动在 SWF 文件中生成相应的定义。

不再显示。

确定　取消

图 11-2　ActionScript 类警告

```
var s:mySound = new mySound(); //新建声音对象
s.play(); //播放声音
```

这种用 Sound 类加载和播放声音的方法很简单，但没有暂停、重新播放等功能。

注意：

声音的播放和帧数之间的关系。若只有一帧，声音会连续播放直到结束；若有多帧，则声音以这几帧占用的时间重复播放开头的片段。

11.2.2 加载和播放声音

加载声音文件前，需要首先创建一个 URLRequest 对象，该对象保存声音文件的地址。将 URLRequest 对象作为参数传递给 Sound 类的“load()”方法。

```
var req:URLRequest = new URLRequest("05.mp3");//声音文件地址
var s:Sound = new Sound();
s.load(req);//加载外部声音数据
s.play();
```

第 2、3 行可以替换成 var s:Sound = new Sound(req);

Sound() 构造函数接受一个 URLRequest 对象作为其参数。当提供 URLRequest 参数的值后，新的 Sound 对象将自动开始加载指定的声音资源。

如果要加载的声音文件较小，以上代码已经足够。但当声音文件较大时，播放未完全加载的声音可能会导致运行时错误。因此应该等待声音完全加载后，再执行启动声音播放的动作，利用事件响应！

以下代码说明了如何在完成加载后播放声音：3

```
import flash.events.Event;
import flash.media.Sound;
import flash.net.URLRequest;

var s:Sound = new Sound();
s.addEventListener(Event.COMPLETE, onSoundLoaded);
var req:URLRequest = new URLRequest("05.mp3");
s.load(req);

function onSoundLoaded(event:Event):void
{
    var localSound:Sound = event.target as Sound;
    localSound.play();
}
```

首先，该代码范例创建一个新的 Sound 对象，但没有为其指定 URLRequest 参数的初始值。然后，通过 Sound 对象侦听 Event. COMPLETE 事件，该对象导致在加载完所有声音数据后执行 onSoundLoaded()方法。接下来，使用新的 URLRequest 值为声音文件调用 Sound. load()方法。

在加载完声音后，将执行 onSoundLoaded()方法。Event 对象的目标属性是对 Sound 对象的引用。如果调用 Sound 对象的 play()方法，则会启动声音回放。

运行范例程序，如果对应的声音文件存在，则 FlashPlayer 就可以加载并播放该声音文件了。

11.2.3 监视声音加载过程

声音文件可能很大，而需要花很长时间进行加载。尽管 FlashPlayer 允许应用程序甚至在完全加载声音之前播放声音，但可能需要向用户指示已加载了多少声音数据以及已播放了多少声音。

Sound 类调度以下两个事件：ProgressEvent. PROGRESS 和 Event. COMPLETE，它们可使声音加载进度显示变得相对比较简单。以下示例说明了如何使用这些事件来显示有关所加载的声音的进度信息：

```
import flash.events.Event;
import flash.events.ProgressEvent;
import flash.media.Sound;
import flash.net.URLRequest;

var s:Sound = new Sound();
s.addEventListener(ProgressEvent.PROGRESS, onLoadProgress);
s.addEventListener(Event.COMPLETE, onLoadComplete);
s.addEventListener(IOErrorEvent.IO_ERROR, onIOError);

var req:URLRequest = new URLRequest("bigSound.mp3");
s.load(req);

function onLoadProgress(event:ProgressEvent):void
{
    var loadedPct:uint =
        Math.round(100 * (event.bytesLoaded / event.bytesTotal));
    trace("The sound is " + loadedPct + "% loaded.");
}

function onLoadComplete(event:Event):void
```

```
{
    var localSound:Sound = event.target as Sound;
    localSound.play();
}
function onIOError(event:IOErrorEvent)
{
    trace("The sound could not be loaded: " + event.text);
}
```

此代码先创建一个 Sound 对象，然后在该对象中添加侦听器以侦听 ProgressEvent. PROGRESS 和 Event. COMPLETE 事件。在调用 Sound. load()方法并从声音文件接收第一批数据后，将会发生 ProgressEvent. PROGRESS 事件并触发 onSoundLoadProgress()方法。

已加载的声音数据百分比等于 ProgressEvent 对象的 bytesLoaded 属性值除以 bytesTotal 属性值。Sound 对象上也提供了相同的 bytesLoaded 和 bytesTotal 属性。以上示例只显示了有关声音加载进度的消息，但可以方便地使用 bytesLoaded 和 bytesTotal 值来更新进度栏组件。例如，随 AdobeFlex2 框架或 Flash 创作工具提供的组件。

此示例还说明了应用程序在加载声音文件时如何识别并响应出现的错误。例如，如果找不到具有给定文件名的声音文件，Sound 对象将调度一个 Event. IO_ERROR 事件。在上面的代码中，当发生错误时，将执行 onIOError()方法并显示一条简短的错误消息。

11.2.4　控制声音的播放与暂停

SoundChannel 用于停止播放单个声音、监视声音的音量和位置。当声音在 Flash 项目里播放时，它自动被赋予一个 SoundChannel 对象。但如果想访问 SoundChannel 类的方法和属性，需要明确地创建 SoundChannel 实例。

如果应用程序播放很长的声音(如歌曲或播客)，可能需要让用户暂停和恢复回放这些声音。实际上，无法在 ActionScript 中的回放期间暂停声音，而只能将其停止。但是，可以从任何位置开始播放声音。可以记录声音停止时的位置，并随后从该位置开始重放声音。

例如，假定代码加载并播放一个声音文件

```
var snd:Sound = new Sound(new URLRequest("bigSound.mp3"));
var channel:SoundChannel = snd.play();
```

在播放声音的同时，SoundChannel. position 属性指示当前播放到的声音文件位置。应用程序可以在停止播放声音之前存储位置值

```
var pausePosition:int = channel.position;
channel.stop();
```

要恢复播放声音，请传递以前存储的位置值，以便从声音以前停止的相同位置重新启动声音。

```
channel = snd.play(pausePosition);
```

例如，从“窗口/公用库/Buttons/playback rounded”中添加两个按钮，Instance Name分别为bnPlay，bnPause，mySound沿用上例，显示效果如图11-3所示。

图 11-3　显示效果

代码：

```
var s:mySound = new mySound();
    var c:SoundChannel = s.play();
    var pauseTime:int;

    bnPlay.addEventListener(MouseEvent.CLICK,playSound);
    bnPause.addEventListener(MouseEvent.CLICK,playSound);
    function playSound(e:MouseEvent){
        switch(e.target){
                case bnPlay:
                        c = s.play(pauseTime);
                        break;
                case bnPause:
                        pauseTime = c.position;
                        c.stop();
                        break;
        }
    }
```

通过操作两个按钮，可以实现声音的暂停和播放。

上例的缺点是，依次点击两个按钮时，声音很正常。但连续点击 bnPlay，将出现异常：每连续点击一次 bnPlay，新出现一段音乐，多次点击后，多个声音混合在一起，很混乱。

实际上，播放的每种声音具有其自己的 SoundChannel 对象。SoundChannel 对象控制声音的左右声道的音量，并记录播放的进度。每个播放中的音乐对于一个 SoundChannel 对象，而不是 Sound 对象。Sound 对象类似于声音的数据，可以同时产生同一个 Sound 对象的多个 SoundChannel 播放。当应用程序播放 Sound 对象时，将创建一个新的 SoundChannel 对象来控制播放。

改进的办法是：两个按钮只有一个能点击，另一个不可见或不可用，利用按钮的 visible 属性实现。代码更新如下：

```
var s:mySound=new mySound();
    var c:SoundChannel=s.play();
    var pauseTime:int;
    bnPlay.visible=false;
    bnPause.visible=true;

    bnPlay.addEventListener(MouseEvent.CLICK,playSound);
    bnPause.addEventListener(MouseEvent.CLICK,playSound);
    function playSound(e:MouseEvent){
     switch(e.target){
            case bnPlay:
                    c=s.play(pauseTime);
                    bnPlay.visible=false;
                    bnPause.visible=true;
                    break;
            case bnPause:
                    pauseTime=c.position;
                    c.stop();
                    bnPlay.visible=true;
                    bnPause.visible=false;
                    break;
    }
}
```

11.2.5 追踪音频进度

应用程序可能需要了解何时停止播放某种声音，以便开始播放另一种声音，或者清除在以前回放期间使用的某些资源。SoundChannel 类在其声音完成播放时将调度 Event.

SOUND_COMPLETE 事件。应用程序可以侦听此事件并执行相应的动作：

```
import flash.events.Event;
import flash.media.Sound;
import flash.net.URLRequest;

var snd:Sound = new Sound("smallSound.mp3");
var channel:SoundChannel = snd.play();
s.addEventListener(Event.SOUND_COMPLETE, onPlaybackComplete);

public function onPlaybackComplete(event:Event)
{
    trace("The sound has finished playing.");
}
```

SoundChannel 类在回放期间不调度进度事件。要报告回放进度，应用程序可以设置其自己的计时机制并跟踪声音播放头的位置。

要计算已播放的声音百分比，可以将 SoundChannel. position 属性值除以所播放的声音数据长度：

```
var playbackPercent:uint = 100 * (channel.position / snd.length);
```

但是，仅当在开始回放之前完全加载了声音数据，此代码才会报告精确的回放百分比。Sound. length 属性显示当前加载的声音数据的大小，而不是整个声音文件的最终大小。要跟踪仍在加载的声音流的回放进度，应用程序应估计完整声音文件的最终大小，并在其计算中使用该值。可以使用 Sound 对象的 bytesLoaded 和 bytesTotal 属性来估计声音数据的最终长度：

```
var estimatedLength:int =
Math.ceil(snd.length / (snd.bytesLoaded / snd.bytesTotal));
var playbackPercent:uint = 100 * (channel.position / estimatedLength);
```

以下代码加载一个较大的声音文件，并使用 Event. ENTER_FRAME 事件作为其计时机制来显示回放进度，它定期报告回放百分比，这是作为当前位置值除以声音数据的总长度来计算的：

```
import flash.events.Event;
import flash.media.Sound;
import flash.net.URLRequest;

var snd:Sound = new Sound();
```

```
var req:URLRequest = new
URLRequest("http://av.adobe.com/podcast/csbu_dev_podcast_epi_2.mp3");
snd.load(req);

var channel:SoundChannel;
channel = snd.play();
addEventListener(Event.ENTER_FRAME, onEnterFrame);
snd.addEventListener(Event.SOUND_COMPLETE, onPlaybackComplete);

function onEnterFrame(event:Event):void
{
    var estimatedLength:int =
        Math.ceil(snd.length / (snd.bytesLoaded / snd.bytesTotal));
    var playbackPercent:uint =
        Math.round(100 * (channel.position / estimatedLength));
    trace("Sound playback is " + playbackPercent + "% complete.");
}

function onPlaybackComplete(event:Event)
{
    trace("The sound has finished playing.");
    removeEventListener(Event.ENTER_FRAME, onEnterFrame);
}
```

在开始加载声音数据后，此代码调用 snd. play()方法，并将生成的 SoundChannel 对象存储在 channel 变量中。随后，此代码在主应用程序中添加 Event. ENTER_FRAME 事件的事件侦听器，并在 SoundChannel 对象中添加另一个事件侦听器，用于侦听在回放完成时发生的 Event. SOUND_COMPLETE 事件。

每次应用程序到达其动画中的新帧时，将调用 onEnterFrame()方法。onEnterFrame()方法基于已加载的数据量来估计声音文件的总长度，然后计算并显示当前回放百分比。

当播放整个声音后，将执行 onPlaybackComplete()方法来删除 Event. ENTER_FRAME 事件的事件侦听器，以使其在完成回放后不会尝试显示进度更新。

可以每秒多次调度 Event. ENTER_FRAME 事件。在某些情况下，不需要频繁显示回放进度。在这些情况下，应用程序可以使用 flash. util. Timer 类来设置其自己的计时机制。

11.2.6 控制音量和左右声道

单个 SoundChannel 对象控制声音的左和右立体声声道。如果 mp3 声音是单声道声音,SoundChannel 对象的左和右立体声声道将包含完全相同的波形。

可通过使用 SoundChannel 对象的 leftPeak 和 rightPeak 属性来查明所播放的声音的每个立体声声道的波幅。这些属性显示声音波形本身的峰值波幅。它们并不表示实际回放音量。实际回放音量是声音波形的波幅以及 SoundChannel 对象和 SoundMixer 类中设置的音量值的函数。

在回放期间,可以使用 SoundChannel 对象的 pan 属性为左和右声道分别指定不同的音量级别。pan 属性可以具有范围从−1 到 1 的值,其中,−1 表示左声道以最大音量播放,而右声道处于静音状态;1 表示右声道以最大音量播放,而左声道处于静音状态。介于−1 和 1 之间的数值为左和右声道值设置一定比例的值,值 0 表示两个声道以均衡的中音量级别播放。

以下代码示例使用 volume 值 0.6 和 pan 值−1 创建一个 SoundTransform 对象(左声道为最高音量,右声道没有音量)。此代码将 SoundTransform 对象作为参数传递给 play()方法,此方法将该 SoundTransform 对象应用于为控制回放而创建的新 SoundChannel 对象。

```
var snd:Sound = new Sound(new URLRequest("bigSound.mp3"));
var trans:SoundTransform = new SoundTransform(0.6, -1);
var channel:SoundChannel = snd.play(0, 1, trans);
```

可以在播放声音的同时更改音量和声相,方法是:设置 SoundTransform 对象的 pan 或 volume 属性,然后将该对象作为 SoundChannel 对象的 soundTransform 属性进行应用。

也可以通过使用 SoundMixer 类的 soundTransform 属性,同时为所有声音设置全局音量和声相值:

```
SoundMixer.soundTransform = new SoundTransform(1, -1);
```

也可以使用 SoundTransform 对象为 Microphone 对象(请参阅捕获声音输入)、Sprite 对象和 SimpleButton 对象设置音量和声相值。

例如,以下示例在播放声音的同时将声音从左声道移到右声道,然后再移回来,并交替进行这一过程。

```
import flash.events.Event;
import flash.media.Sound;
import flash.media.SoundChannel;
import flash.media.SoundMixer;
import flash.net.URLRequest;

var snd:Sound = new Sound();
var req:URLRequest = new URLRequest("bigSound.mp3");
snd.load(req);
var panCounter:Number = 0;
```

```
var trans:SoundTransform;
trans = new SoundTransform(1, 0);
var channel:SoundChannel = snd.play(0, 1, trans);
channel.addEventListener(Event.SOUND_COMPLETE, onPlaybackComplete);

addEventListener(Event.ENTER_FRAME, onEnterFrame);

function onEnterFrame(event:Event):void
{
    trans.pan = Math.sin(panCounter);
    channel.soundTransform = trans; // or SoundMixer.soundTransform = trans;
    panCounter += 0.05;
}

function onPlaybackComplete(event:Event):void
{
    removeEventListener(Event.ENTER_FRAME, onEnterFrame);
}
```

此代码先加载一个声音文件，然后将 volume 设置为 1(最大音量)并将 pan 设置为 0(声音在左和右声道之间均衡地平均分布)以创建一个新的 SoundTransform 对象。接下来，此代码调用 snd.play()方法，以将 SoundTransform 对象作为参数进行传递。

在播放声音时，将反复执行 onEnterFrame()方法。onEnterFrame()方法使用 Math.sin()函数来生成介于−1 和 1 之间的值，此范围对应于可接受的 SoundTransform.pan 属性值。此代码将 SoundTransform 对象的 pan 属性设置为新值，然后设置声道的 soundTransform 属性以使用更改后的 SoundTransform 对象。

要运行此示例，请用本地 mp3 文件的名称替换文件名 bigSound.mp3。然后，运行该示例。当右声道音量变小时，会听到左声道音量变大，反之亦然。

在此示例中，可通过设置 SoundMixer 类的 soundTransform 属性来获得同样的效果。但是，这会影响当前播放的所有声音的声相，而不是只影响此 SoundChannel 对象播放的一种声音。

11.3 视　频

Flash 支持 FLV 格式的视频资源，该文件格式的数据量最小。其他视频文件可使用编码器(如 Flash Video Encoder 或 Adobe Media Encoder)将该文件转换为 FLV

文件。

由于视频播放是一种比较具有商业价值的应用，因此 as 对视频播放提供了很多支持。不仅提供了 Video 类和 VideoPlayer 类，还提供了 FLVPlayback 类。Video 类和 Videop 类需要配合相关的处理数据传输的类，才能完成视频的读取和播放。但 FLVPlayer 类高度的集成了视频资源的访问、读取和操作功能。使用 FLVPlayer 类，几乎可以完成视频播放的所有操作。不仅可以播放通过 HTTP 渐进式下载的 Flash 视频(FLV)文件，还可以播放流式加载的 FLV 文件。

嵌入视频的处理方法主要有以下两种：

方法一：导入视频，在其属性面板中的 source 设置视频路径；

方法二：用代码实现。删除 source 设置后，代码中写：

```
mcFlv.source="sample.flv";
```

11.3.1 加载视频文件

FLVPlayback 组件类存储在 fl. video 包中，在使用前需要用 import 导入 fl. video。FLVPlayback 是一个显示对象，可以按照一般的显示对象操作它。以下代码创建一个 FLVPlayback 对象：

```
Import fl.video. FLVPlayback;
var myfp: FLVPlayback=new FLVPlayback();
```

利用 FLVPlayback 类的 load()方法，能直接加载外部的视频文件。不需要指定视频大小，该方法调用后会自动使用默认大小呈现一个视频回放。为了令视频呈现在舞台上，需要将 FLVPlayback 对象加入显示列表：

```
Myfp.load("flv/flvdata.flv");
Myfp.x=0;
Myfp.y=20;
addChild(myfp);
```

调用 play()方法，开始播放加载的视频：

```
Myfp.play();
```

编译该程序后运行。

由于 FLVPlayback 将各种功能高度的集成和封装，使得开发者可以使用简单的代码创建复杂的应用。

11.3.2 控制视频播放

FLVPlayback 提供了多种方法对所加载视频的控制：

(1) bringVideoPlayerToFront(index:uint):void——将一个视频播放器置于堆叠的视频播放器的前面。

(2) closeVideoPlayer(index:uint):void——关闭 NetStream 并删除由 index 参数指定的视频播放器。

(3) getVideoPlayer(index:Number):VideoPlayer——获取由 index 参数指定的视频播放器。

(4) load(source:String, totalTime:Number, isLive:Boolean = false):void——开始加载 FLV 文件,并提供快捷方式,用于将 autoPlay 属性设置为 false,并且设置 source、totalTime 和 isLive 属性(如果指定)。如果未定义 totalTime 和 isLive 属性,则不会对它们进行设置;如果 source 属性未定义,或者为 null 或空字符串,则此方法不执行任何操作。

(5) pause():void——暂停播放视频。

(6) play(source:String = null, totalTime:Number, isLive:Boolean = false):void——播放视频流。不带参数时,此方法只将 FLV 文件从暂停或停止状态转换为播放状态。

(7) seek(time:Number):void——在文件中搜索到给定时间,以秒为单位指定,精确到小数点后三位(毫秒)。

(8) seedPercent(percent:Number):void——搜索到文件的某个百分比处并将播放头放置在那里。该百分比是介于 0 和 100 之间的数值。

(9) setScale(scaleX:Number, scaleY:Number):void——同时设置 scaleX 和 scaleY 属性。由于单独设置任一属性都可能导致自动调整大小,因此同时设置 scaleX 和 scaleY 属性可能比单独设置它们效率更高。

(10) setSize(width:Number, height:Number):void——同时设置 width 和 height。由于单独设置任一属性都可能导致自动调整大小,因此同时设置 width 和 height 属性比单独设置它们效率更高。

(11) stop():void——停止播放视频。"——"表示 stop():void 方法的功能,没有问题。

FLVPlayback 类提供了四个有关视频对象的重要属性:

(1) height——数字,指定 FLVPlayback 实例的高度。

(2) width——数字,指定舞台上 FLVPlayback 实例的宽度。

(3) source——字符串,指定要进行流式处理的 FLV 文件的 URL 以及如何对其进行流式处理。

(4) totalTime——数字,表示视频的总播放时间,以秒为单位。

下列属性可以用来检测播放状态:

(1) playheadPercentage——数字,它将当前的 playheadTime 指定为 totalTime 属性的百分比。此属性包含已播放时间的百分比。

(2) playheadTime——数字,表示当前播放头的时间或位置(以秒为单位计算),可以是小数值。

(3) volume——数字,介于 0 到 1 的范围内,指示音量控制设置。默认值为 1。

(4) playing——布尔值,如果 FLV 文件处于播放状态,则为 true。

(5) stopped——布尔值,如果 FLVPlayback 实例的状态为 stopped,则该值为 true。一个布尔值,如果 FLV 文件处于暂停状态,则为 true。

(6) paused——布尔值,如果 FLV 文件处于暂停状态,则为 true。

11.4 图像和 SWF 文件

在 ActionScript 3.0 中使用 Loader 和 URLLoader 类处理图像和 SWF 文件。Loader 类可用于加载 SWF 文件或图像(JPG、PNG 或 GIF)文件,使用 load()方法来启动加载。被加载的显示对象将作为 Loader 对象的子级添加。使用 URLLoader 类加载文本或二进制数据。

Loader 作为一个显示对象容器,本身可以被加入其他的显示对象容器。可以利用 addChild()方法将 Loader 对象装入舞台显示列表,以显示加载的对象。

每个 Loader 只负责加载一个外部数据,因此在显示列表中,Loader 对象只能有一个子显示对象——其加载的显示对象。由于 Loader 只有一个子显示对象,开发者不能在 Loader 对象上调用以下方法:addChild()、addChildAt()、removeChild()、removeChildAt()和 setChildIndex(),否则将引发异常。要删除被加载的显示对象,必须从其父 DisplayObjectContainer 子级数组中删除 Loader 对象,而不是调用 removeChild()方法或 removeChildAt()方法。

Loader 对象的一个重要属性是 contentLoaderInfo 属性,该属性是一个 LoaderInfo 对象。与大部分对象不同,LoaderInfo 对象在执行加载的 SWF 文件和被加载的内容之间共享,并且双方始终可以访问该对象。当被加载的内容为 SWF 文件时,它可以通过 DisplayObject.loaderInfo 属性访问 LoaderInfo 对象。LoaderInfo 对象包括诸如加载进度、加载方和被加载方的 URL、加载方和被加载方之间的信任关系等信息及其他信息。

11.4.1 加载和显示图像

加载图像可以在 TextField 中利用 HTML 标记装载图像,也可以利用位图显示对象实现舞台的显示。如果不需要对位图进行操作,使用 Loader 类装载图像最为方便。装载的图像需要是 PNG、GIF 或 JPG 格式。Loader 类不支持 BMP 格式。

加载图像前,需要创建一个 Loader 对象:

```
var imgLoader:Loader = new Loader();
```

然后利用该 Loader 对象的 load()方法，载入所需的图像：

```
imgLoader.load(new URLRequest("imgdata/img.gif"));
```

只有将 Loader 对象加入显示列表后，图像才会被显示：

```
imgLoader.x=10,imgLoader.y=10;
addChild(imgLoader);
```

可以使用显示对象的常规编程技术操作 Loader 对象，一般情况下不需要访问 Loader 的子显示对象。下面的代码使用鼠标的滚轮控制加载图像的透明度。当用户滚动鼠标滚轮时，图像会逐渐由不透明变为透明。MouseEvent. MOUSE_WHEEL 在收到鼠标滚轮滚动的信息时发送。在 MouseEvent 对象中，包含一个 delta 属性，显示了当前滚动的矢量偏移，如果是向前方滚动，则 delta 包含一个正整数，如果是向后方滚动，则 delta 值为负整数。根据系统设置，最小的滚动量一般不会大于 5。

```
//侦听鼠标滚轮信息
imgLoader.addEventListener(MouseEvent.MOUSE_WHEEL, fnWheel);


//鼠标滚轮事件函数
function fnWheel (e:MouseEvent):void{
    //修改显示对象透明度
    e.target.alpha+=(e.delta/500);
    //边界检测
    if(e.target.alpha<0){
            e.target.alpha=0;
    else if(e.target.alpha>1){
            e.target.alpha=1;
    }
}
```

程序的运行结果如图 11-4 所示。

使用鼠标的滚轮也可以应用于无法全部显示在舞台上的大图片，代码如下：

```
imgLoader.addEventListener(MouseEvent.MOUSE_WHEEL,fnWheel);
    function fnWheel(e:MouseEvent) :void{
        e.target.y+=e.delta;
    }
```

图像被加载后，即成为 SWF 舞台的一员，可以使用相关的代码拖曳和旋转加载的图像。当图像被 FlashPlayer 加载后，处于打开状态。操作系统不能对打开状态的文件执行重命名、剪切和删除等操作。

图 11-4 运行结果图

11.4.2 加载图像的删除

利用 Loader 的 unload()方法，可以删除 Loader 同加载对象之间的关系。调用 Loader 之后，Loader 的子对象被解除显示列表的依附关系，但被加载对象依然实际存在。无论是否有其他对象保留对其的引用，被加载对象都不会被回收，很容易造成内存资源的浪费。为了避免这样的问题，应尽量避免直接使用打开的图像文件，而是将打开的文件写入新的位图副本，并关闭 Loader 对象，释放位图缓存。完整代码如下：

```
import flash.display.Loader;
import flash.net.URLRequest;
import flash.events.Event;
import flash.display.BitmapData;
import flash.display.Bitmap;
import flash.display.Sprite;

var imgLoader:Loader = new Loader();
imgLoader.load(new URLRequest("imgData/flower.jpg"));
imgLoader.contentLoaderInfo.addEventListener(Event.COMPLETE,loadComplete);

//创建侦听鼠标滚轮事件的显示对象
var box:Sprite = new Sprite();
```

```
box.addEventListener(MouseEvent.MOUSE_WHEEL,fnClick);
stage.addChild(box);

//加载完毕后,调用此事件处理函数
function loadComplete(e:Event):void{
    //创建临时 Loader
    var tempLoader:Loader=e.target.loader as Loader;

    //载入位图
    var myBmp:BitmapData;
    myBmp=new BitmapData(tempLoader.width,tempLoader.height,false);
    myBmp.draw(tempLoader);

    var ibitmap:Bitmap;
    ibitmap=new Bitmap(myBmp);
    box.addChild(ibitmap);

    //以下代码尝试释放位图内存
    var bt:BitmapData=e.target.content.bitmapData;
    tempLoader.unload();
    bt.dispose();
    trace(bt.width);
}
//鼠标滚轮事件处理函数
function fnClick(e:MouseEvent):void{
    e.target.alpha+=(e.delta/500);
    if(e.target.alpha<0){
            e.target.alpha=0;
    }else if(e.target.alpha>1){
            e.target.alpha=1;
    }
}
```

11.4.3 加载 SWF 影片

Loader 类可以加载其他的 SWF 文件。下面的代码,使用一个名为 babySWF.SWF 的外部 SWF 文件作为加载对象,该文件的内部脚本是 ActionScript 2.0 创建的。代码中利用 ActionScript 3.0 的 Loader 对象将其加载至舞台:

```
import flash.display.Loader;
    import flash.net.URLRequest;

    var SWFLoader:Loader=new Loader();
    SWFLoader.load(new URLRequest("babySWF.SWF"));
    SWFLoader.x=25;
    SWFLoader.y=20;

    addChild(SWFLoader);
```

在 ActionScript 3.0 中，可以加载旧版本的 SWF 文件，并显示在舞台上，如图 11-5 所示。

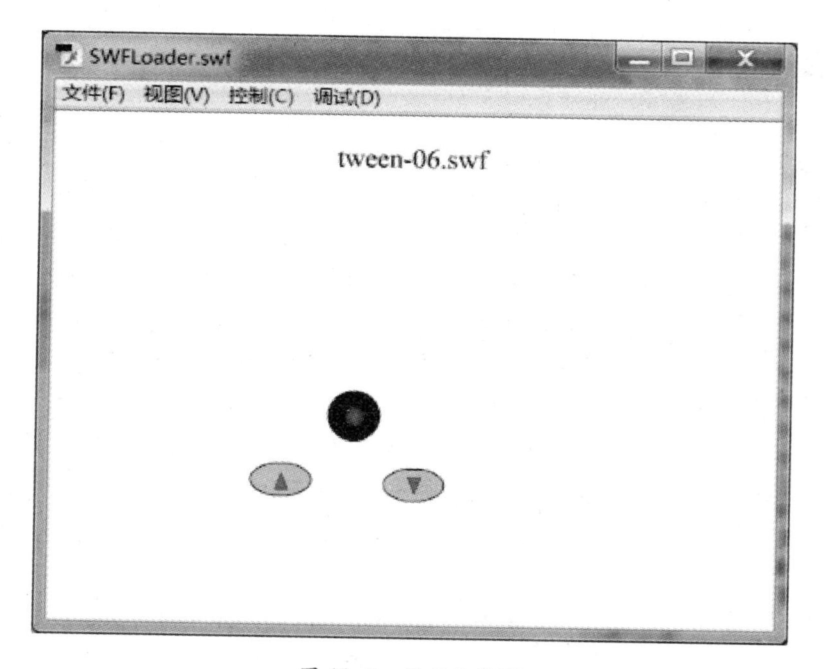

图 11-5　运行结果图

各版本的代码能独立执行，但是不能通过 ActionScript 3.0 的代码访问 ActionScript 2.0代码的变量、对象。

参考文献

[1] 陆朝俊. 程序设计思想与方法:问题求解中的计算思维[M]. 北京:高等教育出版社, 2013.

[2] 韩海, 梁庆中. 程序设计:C语言[M]. 北京:科学出版社, 2015.

[3] 俞淑燕, 王海庆. ActionScript 3.0 语言基础与应用[M]. 北京:人民邮电出版社, 2014.

[4] 何红玉, 夏文栋. ActionScript 3.0 编程基础与范例教程[M]. 北京:清华大学出版社, 2013.

[5] (加) Rex van der Spuy. ActionScript 3.0 游戏设计基础[M]. 北京:电子工业出版社, 2013.

[6] (英) Todd Yard. ActionScript 3.0 图像处理基础教程[M]. 北京:科学出版社, 2013.

[7] (美) Doug Winnie. ActionScript 3.0 基础教程[M]. 北京:人民邮电出版社, 2012.

[8] (美) Gary Rosenzweig. ActionScript 3.0 游戏编程[M]. 北京:人民邮电出版社, 2012.

[9] (美) Roger Braunstein. ActionScript 3.0 宝典[M]. 北京:清华大学出版社, 2012.

[10] (美) Adobe公司. Adobe Flash CS5 ActionScript 3.0 中文版经典教程[M]. 北京:人民邮电出版社, 2010.

[11] 安东品. Flash 动画师编程之路:ActionScript 3.0 完全精通[M]. 北京:化学工业出版社, 2011.

[12] 蒋国强, 岳元亚. ActionScript 3.0 从入门到精通[M]. 北京:机械工业出版社, 2011.

[13] 吴东伟, 张益成. ActionScript 3.0 编程技术实战宝典[M]. 北京:清华大学出版社, 2010.

[14] 杨东昱. FLASH 动画即战力:ActionScript 3.0 范例随学随用[M]. 北京:清华大学出版社, 2009.

[15] 乔珂. ActionScript 3.0 权威指南:珍藏版[M]. 北京:电子工业出版社, 2008.

[16] 杨东昱. ActionScript 3.0 精彩范例词典[M]. 北京:机械工业出版社, 2008.

[17] 李亮, 李志勇. Flash 互动媒体设计[M]. 北京:化学工业出版社, 2009.